自在。生活。

涓涓的一〇一道家傳好味

胡涓涓 Carol〔文字・繪圖〕

我用一道道的料理當做針線，
在廚房織出自己與父母及家人間的情感牽絆。
希望美味可口的料理不只滿足口腹之欲，
還可以凝聚一家人的心，豐富美麗人生。

涓涓一〇一道家傳好味付梓誌慶

傳承好味貢良方　逾百嘉餚眾口揚

快炒慢煎精製作　緩蒸久煮細衡量

椒麻美點稱嬌艷　酥脆香排色嫩黃

麵飯中西多式樣　養生滋補品鮮湯

涓兒存念

父

胡傳安

民國一〇一年三月一日

讓人心生溫暖幸福之感的小宇宙

我與胡涓涓的緣分說來奇妙，他的父親胡傳安老師，當年與家父同在台北商專（現在的國立台北商業技術學院）任教，真正是結拜兄弟的交情。在我是少年的鬼混時光，回家經過永和老屋的客廳，父親低聲但又嚴肅說：「沒叫人啊！」我便乖乖喊：「胡叔叔！」在我的記憶裡，那是父親的「最好的時光」。一群年過半百，傳統文人的老哥兒們，庭院裡養蘭花，搭金銀花藤架，喝酒，像老饕不定期相聚台北哪些館子，意興湍飛弄個詩社酬對古詩。其實以我父親這樣民國三十八年來台的離散者而言，那個年紀，他們早已內心清楚，「回不去了」。他們在永和安家，慢慢小孩也逐一念中學，高中。父親後來收集古硯台，收集字畫，收集印石，收集宜興茶壺，主要是有錢便買書。我想那有一個神祕的，原鄉失落者另尋一個文化小宇宙的心靈的鄉愁。

問題是，像我們這樣的第二代，哪裡知道那個班傑明般的父親（和他的老友如胡叔叔）這樣的文化遺民，他們那層層的暗影，那些講究、教養、古詩的意境、典故、品器？後來多年後有一次，聽我文化大學中文系的老師，金榮華主任私底下說，他認識胡傳安（就是胡涓涓的父親），此人詩才極高，一手好字。我驚呼曰：「啊！您說的這位胡老師，是我父親的結拜兄弟呢！」

同樣的，我不知道那樣的神秘時光裡，父親（就像好萊塢電影"Big Fish"裡那個愛吹噓，最後變成一尾神祕大魚的父親）和他的哥兒們，喝哪些好酒？（金門的陳高、總統紀念酒、花雕，後來他們跑大陸帶回來的酒鬼、五糧液、茅台、孔府家酒。）吃了哪些好菜？在那些味蕾和作工的細節裡，他們曾享受、體驗、品味怎樣層次的味蕾，難以言喻的文明及教養？

我記得小時候，在永和老屋，每逢過年，父親找來當年一起從南京逃來的弟兄，像家人吃團圓飯。我的母親，便一道一道在那破舊的廚房，甚至院子裡用炭爐升火，大蒸籠一屜一屜架上，舉袖撈襟，一道道外省工夫菜：紅燒獅子頭、佛跳牆、珍珠丸子、辣椒鑲肉、蒸臭豆腐、雞湯煨豆乾絲、「轟炸莫斯科」……。可惜我從小粗枝大葉，從不觀察細節，印象只留下那些年節蒸騰的白煙，和小孩腦額葉最深刻的饞。

後來才吃這些淮揚菜或上海本幫菜，都是父親和他那些品酒吟詩老饕的文士結拜兄弟們，在台北那些傳說中的館子，一路吃下來，問了做法，回來教給母親的。後來母親學佛茹素，我們這些子女又恰活在一個，同伴巷弄、夜市吃的是蚵仔煎、甜不辣、炸臭豆腐、豬血糕、蚵仔麵線的現實。台北出現義大利麵、日本料理、韓式火鍋，更別說披薩外賣或麥當勞的現代轟轟而來的世界。父親的那個飲食上的文化鄉愁，遂在我們這代真正斷裂、失傳。

父親晚年，我和妻曾陪他跑幾個館子（譬如秀蘭小館），中山堂對面巷子裡一間老上海本幫菜飯館，看他饞得要命翻吃那「真正入味」的蔥燒鯽魚、涼拌黃豆芽，還有「醃篤鮮」，真正金華火腿和三層白豬肉、冬筍切塊熬成……我總是既慚愧，又好奇。

如今我以這樣完全不懂美食料理的尷尬身分，幫涓涓這位有名的美食料理家寫序，心情上其實有一種，同為（我父親與他父親）這樣的豐饒、深邃，但已隱沒入上輩失傳之教養的暗影，同為這樣的「離散者的孤雛」，但我以西方現代小說的概念和視覺在反省，記錄著我置身的當代；涓涓以向世界張展的味覺美學、手工技藝，創造著她書中那讓人眼花撩亂，卻因為那《芭比的饗宴》對烹調的莊重、華麗，而讓人心生溫暖幸福之感的小宇宙。我是這樣的心情。

祝福涓涓這本書

駱以軍

幸福就是為家人準備一桌溫暖的菜餚

這本書對我的意義非常不同，我將自己的人生藉由奶奶、外婆及母親的味道記錄下來。穿過時間的長廊，種種童年的記憶透過一道道料理湧上心頭。我的廚房除了收藏美味，也有著我對家濃濃的依戀。在冬陽中曬著蘿蔔乾、臘肉及風雞，清明時節醃漬青梅，在廚房揉著麵包、饅頭、包子麵糰，熬煮一鍋熱騰騰的湯品。單純的日子因為四季食材的變化有了新的生命力。

在這五年多的時間中，部落格一直持續的更新成長，因為這個小小空間我認識了很多好朋友，在與大家互動的同時，平凡的主婦生活獲得無限的快樂。一些建議也讓我嘗試出更多元的料理，每一個朋友的留言或默默支持都給予滿滿的鼓勵。這些真誠點點滴滴的互動，不僅讓部落格更有人情味也充滿溫暖。格友的留言，讓這些料理有了特別的回憶。這些美好的日子有大家的參與，我的廚房才如此精采！

此次企畫最特別的一個單元是親手繪出每一道料理中的一樣食材，我花了非常多的時間與精力將這些平時不太注意的材料一一用畫筆呈現。雖然費神，但是在蒐集資料與近距離觀察食材的過程中，又重新認識了這些豐富每天餐桌的功臣。也多虧先生細心幫忙及著色潤飾，使得一〇一道食材更加生動精采。更要特別感謝駱以軍大哥在百忙之中為我寫的序文，他的文字深深地觸動我的心，帶著我穿越時空，回到兒時單純的歲月。最後謝謝母親的支持指導及父親特別為我做的詩，巧妙貼切將整本書的大綱串聯起來。我用一道道的料理當做針線，在廚房織出自己與父母及家人間的情感牽絆。

謝謝幸福文化所有工作同仁，因為她們堅持做不一樣的食譜，才得已完成這本書。希望美味可口的料理不只是滿足口腹之欲，還可以凝聚一家人的心，豐富美麗人生。幸福就是在燈火闌珊處，為晚歸的家人亮一盞燈，準備一桌溫暖的菜餚。

將此書獻給親愛的家人及在廚房中為愛忙碌的每一個身影！

胡涓涓

Part 1 煎炒料理

快炒慢煎精製作

Part 2

燉煮蒸料理——緩蒸久煮細衡量

Part 3

涼拌 醃漬——料理

椒麻美點稱嬌豔

Part 4

炸物——料理

酥脆香排色嫩黃

Part 5

主食料理

麵飯中西多式樣

Part 6

湯品料理

養生滋補品鮮湯

＊本書調味僅供參考，讀者可依自己喜好調整。
＊食譜標示說明：・T＝大匙，1T＝1大匙＝15cc ・t＝小匙（茶匙），1t＝1小匙＝5cc ・g＝公克，1g＝1公克，1公斤＝1000公克（g） ・cc＝毫升，1cc＝1毫升，1公升＝1000毫升（cc）。

Part
1

煎炒料理

快炒慢煎精製作

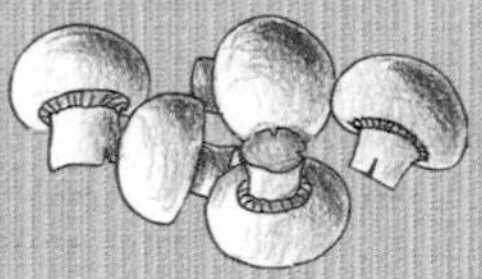

沙茶羊肉

廚房中的調料區是婆婆媽媽們的烹調之寶，食材再新鮮，也需要適當的調味提香才能夠相輔相成。廚房中中式的調味料少不了就是醬油、鹽、麻油與白胡椒粉等，偶爾希望來點不一樣的味道，沙茶醬就要出場了。沙茶醬是潮州汕頭一帶的傳統醬料，最早源於馬來西亞及印尼的沙嗲醬。經過不斷改良後，其中又增添了許多辛香材料，例如大蒜、蔥、辣椒、薑黃、芥末與陳皮等等，還加上蝦米、海鮮一塊熬製而成。所以醬料吃起來鮮醇可口，當做沾醬或佐料都是一絕。

還記得西門町峨嵋街有一家民國五十五年創立的「元香沙茶火鍋店」，店內以自製祖傳的沙茶聞名全台，這也是我兒時的好滋味。新鮮的材料沾上秘製的沙茶醬香氣無法抵擋，難怪可以流傳近一甲子的歲月。

一般吃羊肉大多會怕腥騷味，這時候沙茶醬就是搭配羊肉最好的調料，去腥兼提味。空心菜是台灣一年四季都可以購買的家常蔬菜，味道最為一般大眾接受，不論是清炒燙煮都可以吃出其碧綠爽口的特色。夜市快炒攤來上一盤，再搭配一杯生啤酒，人生享受莫過於此。

認識食材

空心菜

空心菜是台灣一年四季都可以購得的家常蔬菜，味道最為一般大眾接受，營養豐富，含有豐富的粗纖維素，可促進腸蠕動，不論清炒燙煮都可以吃出其碧綠爽口的特色。選購時，挑選莖葉比較完整、新鮮細嫩、不長鬚根為佳。由於空心菜容易因水分流失而發軟枯萎，所以炒菜前只要在清水中浸泡約半小時，就可以恢復原有的鮮嫩與翠綠。

份量
約4人份

材料

火鍋羊肉片200g 空心菜200g
蒜頭3～4瓣 紅辣椒1支

調味料

米酒1T 鹽1/2t 沙茶醬1.5T

做法

1. 火鍋羊肉片稍微切小塊；空心菜洗乾淨切段；蒜頭切片；紅辣椒切段。
2. 炒鍋中倒入2T油，油溫熱後，放入蒜頭及紅辣椒炒香。（1）
3. 加入羊肉片炒散。（2）
4. 再加入空心菜拌炒均勻。（3）
5. 最後加入所有調味料，翻炒2～3分鐘即可。（4、5）

黑胡椒牛小排

開始寫部落格記錄自己的廚房之後，很多親友或格友見面都習慣送我一些食材或調味料，也曾經收到由出版社轉來讀者寄來的包裹。參加簽書會的時候，可愛單純的格友及讀者們帶著自家種的新鮮蔬菜水果，或是自家生產的醬料來到我的面前，希望我可以使用這些台灣優質農產品做出更多美味佳餚。朋友的這些分享不僅給我更多靈感及動力，也讓我的廚房更多彩多滋味。施比受更有福，我深刻的體會到這樣的感受，所以也期許自己要有更多分享，不可以辜負大家給我的鼓勵。

前幾日回家，父親的朋友廖教授到海南島旅遊，特別帶了一罐當地的特產黑胡椒粉，托母親給我做菜使用。這才知道原來黑胡椒是海南島的特產，心中非常感念長輩的貼心。黑胡椒原產於印度，將胡椒子採集下來煮沸乾燥，帶皮做出來的成品就是黑胡椒，去皮完成的成品就是白胡椒。胡椒是古代歐洲羅馬帝國時代著名且使用廣泛的調味品，曾經是非常稀少甚至可以代替貨幣或做為擔保品使用的珍貴香料，平常百姓能夠吃上一口都十分不容易。

現在家家戶戶都可以享受到胡椒的好滋味，這已經是廚房中非常普遍的調味品之一。黑胡椒最適合與肉類搭配，辛香中帶點辣，光聞香氣就叫人垂涎三尺。

認識食材

洋菇

洋菇是餐桌上最常出現的菇蕈類食材之一。其中蛋白質含量是所有菇蕈類之冠，加上熱量低，所以非常受減重者的歡迎。選購洋菇時，以菇形完整，發育良好，菇面無水分，表面成淡白色最佳。磨菇在常溫下放於蔭涼處，可放兩天左右，如果連同包裝袋一起放入冰箱的蔬果保鮮室冷藏，約可存放四至五天。

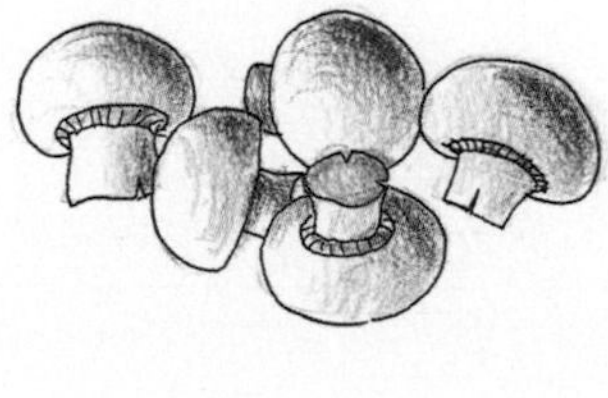

份量
約4人份

材料
牛小排500g 洋蔥1/2個
洋菇5～6朵 蒜頭2～3瓣

醃料
粗黑胡椒粒1T 醬油2T 米酒1T
麻油1/2T 番茄醬1T 糖1/2T

調味料
鹽1/4t

做法

1. 牛小排加入醃料混合均勻，放置20分鐘入味。（1）
2. 洋蔥切片；洋菇切片；蒜切片。（2）
3. 炒鍋中倒入2T的油，油溫熱後，放入牛小排，煎至七分熟盛起。（3）
4. 原鍋中放入蒜片及洋蔥，翻炒3～4分鐘。（4）
5. 接著加入洋菇及調味料，拌炒1～2分鐘。（5）
6. 最後倒入牛小排，混合均勻翻炒1～2分鐘即可。（6、7）

1 2 3 4

5 6 7

煎炒

鹽。酥。蝦。

人與人之間有種看不到的頻率，雖然從沒有見面，但是可以感覺得到她真誠的情誼。三年前，在部落格看到Jessica的留言，熱情的給我鼓勵與迴響，在美國的她正經歷職場的轉換，暫時回到家庭等待下一份適合的工作。短暫休息的這段時間，因緣際會在網路上搜索到我的世界，就這麼跟我成為無話不聊的朋友。

難得她回台灣探親，我們約了在台北公館見面，出發前就先在腦海中勾勒她的模樣，還帶了自己的新書要贈送給一直鼓勵我的她。我們找了一間安靜清幽的小店，雖然台北下著雨，卻澆不熄我們熱烈的友誼，吃著咖哩簡餐，從工作聊到家庭生活及彼此的寵物，兩個人一點都沒有注意時間的流逝。小小的廚房中可以衍生出這樣的緣分，就是這幾年中最值得感動的事。雖然一個人在廚房忙，但我從不覺得孤單，因為我有全世界的朋友陪伴，透過電腦，天涯海角也沒有距離。

台灣有著優良的養殖技術，豐富的海產一年四季都享受的到。肉質甜美的白蝦炸的酥酥脆脆，再入鍋沾滿辛香的佐料，好吃的連外殼都可以嗑掉。在廚房就是這麼有趣的事情，可以把採購回來的食材變成一道一道不同的料理。看到家人朋友滿足的笑臉，就是我源源不絕的動力！

認識食材

白蝦

白蝦是一種較小型的草蝦，殼薄透明，肉味鮮美，目前幾乎已取代草蝦被廣為養殖，是全世界產量最多的蝦類之一。市場上販售的白蝦以活蝦或冷藏的為主，當然這裡的白蝦也可以大草蝦或草蝦仁來代替。

份量
約4人份

材料

白蝦600g 青蔥5～6支 蒜頭8～10瓣
薑5～6片 紅辣椒2支

調味料

米酒1/2T 鹽1/2t
細砂糖1/2t 白胡椒粉1/4t

做法

1. 白蝦洗淨瀝乾水分，剪去長鬚，用牙籤從背部將砂線挑出。
2. 青蔥、蒜頭、薑片與紅辣椒分別切末。（1）
3. 炒鍋中倒入約50cc的炸油（不需很多油），油熱後，放入白蝦，半煎半炸到酥脆熟透撈起。（2、3）
4. 原鍋中留下2T的油，將青蔥、蒜末、薑末與辣椒末放入炒香。（4）
5. 然後放入炸好的白蝦拌炒1～2分鐘。（5）
6. 最後加入調味料炒香即可。（6、7）

小叮嚀。。。

• 炸過白蝦的油可以保留放冰箱，拌燙青菜食用很香。

1

2

3

4

5

6

7

螞蟻上樹

在廚房待久了，兩手一定會有很多烙印的痕跡。刀傷、燙傷、刮傷，雙手手臂佈滿了一些大大小小癒合的疤痕。天天做料理的雙手沒有辦法留長指甲或擦指甲油，也不適合戴首飾或經常擦護手霜。媽媽的雙手纖細佈滿了青筋，雖然粗糙，卻是可以變出美味魔法的仙女棒，為一家人提供最溫暖的料理。

自從做了主婦當了媽媽，對於食物的要求就更注意，我希望跟母親一樣天天為家人的健康把關。曾經家中有長達三個月因為廚房裝修而無法開伙，所以幾乎餐餐吃外面，那一段時間就發現能夠吃到自家調理的飯菜是多麼幸福的事，希望自己一直堅守崗位讓廚房飄散著飯菜香。

又是一道好吃的川菜，吃得到香辣美味，添加了冬粉也具有飽足感，當做一頓簡餐也毫不遜色。冬粉也稱為粉絲、粉條，是由綠豆澱粉製成乾燥細麵條狀，成品色澤透明，口感滑Q，所以在日本也有「春雨」這樣美麗的名稱。品質好的冬粉以純綠豆製成，久煮不爛，也可以用玉米澱粉或地瓜澱粉來當原料，但口感不如綠豆。冬粉是我很喜歡的食材，QQ有彈性的口感當做主食或配菜都適合。

認識食材

冬粉

冬粉又稱為粉絲，為綠豆澱粉或是玉米及根莖類植物澱粉製成。冬粉使用前先泡水使其柔軟，通體透明，口感滑溜。冬粉非常能夠吸收水分，為四川料理「螞蟻上樹」中不可缺少的材料。

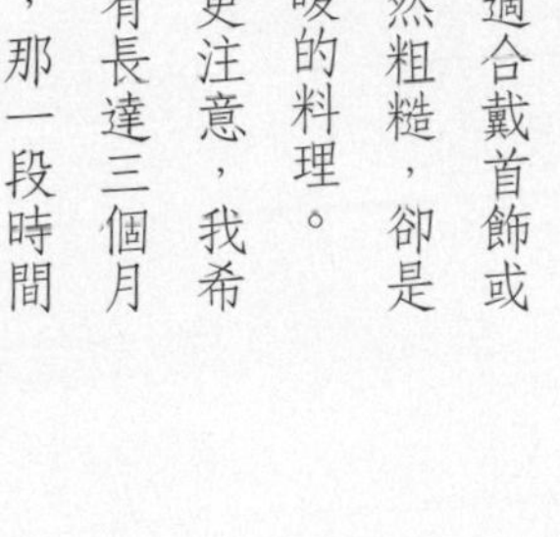

份量
約4人份

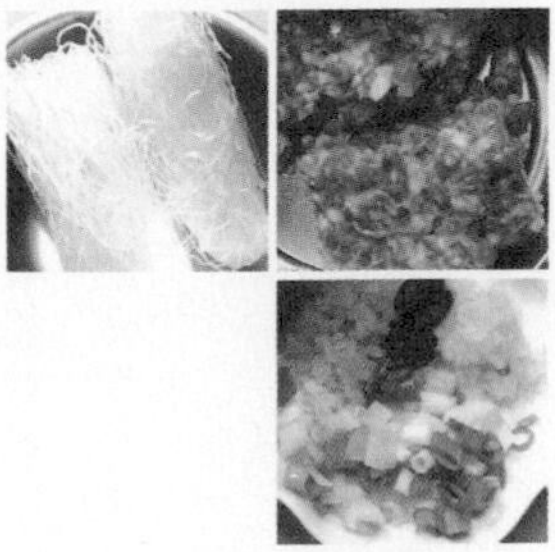

材料
冬粉2把（約100g） 絞肉120g 青蔥2支
薑2～3片 蒜頭2～3瓣 紅辣椒1支

調味料
辣豆瓣醬1.5T 醬油1.5T 米酒1T 鹽1/4t
糖1/4t 白胡椒粉適量 水200cc

做法

1. 青蔥、薑及蒜頭切末；紅辣椒切小段。
2. 冬粉泡清水6～7分鐘軟化撈起，切大段。（1）
3. 鍋中倒1T油，油熱後放入絞肉，炒散至變色。（2）
4. 放入青蔥末、薑末、蒜末與紅辣椒，拌炒1～2分鐘。（3）
5. 然後加入所有調味料炒香。（4）
6. 水倒入煮至沸騰。（5）
7. 放入冬粉，以中小火燜煮到湯汁收乾即可。（6、7）

1 2 3 4

5 6 7

乾煸四季豆

若問起台灣人最喜歡的料理，大概就屬四川料理的菜色最讓大家耳熟能詳，麻、辣、鮮、香，風味極其濃郁。不管是宴席或是家常小吃，各有特色。很多餐館的菜單一翻開，川菜總是人氣最高的，也最吸引味蕾。不過別以為川菜都是辣呼呼的，其實也有有許多不辣的名菜，例如鹽水鴨、清湯白菜及東坡肉等。

說起中國菜的調理方式，不外炒、滑、熘、爆、煸、炸、煮、煨等，每一種方式做出來的口感及都大不相同。乾煸是川菜中非常普遍的一種做法，主要是將食材用油慢慢長時間將食材中的水分煸乾，成品會乾縮且體積變小，然後再加入一些醬料調理，味道就會完全滲入其中。這道料理的主角是四季豆，平時烹調時，若沒有稍微燜煮一下，四季豆是非常難以入味的。但是如果經過炸油乾煸後，四季豆組織變的軟而有韌性，再入鍋與大量辛香佐料拌炒，味道就變的豐富而特別。而此道料理中的冬菜及蝦米也是非常重要的一味，缺少了也會影響整體風味。

這是老公非常喜歡的一道四川料理，不管到哪家川菜館一定要點一盤來嘗嘗。四季豆焦香有嚼感，冬菜蝦米增添鹹香的滋味，有了這一盤可以配上一大碗飯，吃完齒頰留香，讓人回味不已。

認識食材

四季豆

四季豆烹調時，若沒有稍微燜煮一下，四季豆是非常難以入味的。但是如果經過炸油乾煸後，四季豆組織變的軟而有韌性，再入鍋與大量辛香佐料拌炒，味道就變的豐富而特別。

選購四季豆時，要挑選豆莢表面細膩翠綠，感覺滋潤，豆粒不會突出且豆莢易折斷的最好。由於四季豆容易乾燥，所以保存時，最好裝在保鮮袋中，置於冰箱冷藏室，可存放五天至一星期左右。要特別注意的是，四季豆烹調時，應徹底加熱，使其內外熟透，色變豆熟，才可以安全食用。

份量
約4人份

材料

四季豆500g 蝦米1小把 蒜頭4～5瓣 青蔥2支
薑3片 紅辣椒1支 冬菜（或榨菜）1.5T
液體植物油300cc 豬絞肉150g

調味料

醬油1T 米酒1T 鹽1/4t
糖1/2T 白胡椒粉1/8t

做法

1. 四季豆洗乾淨，摘去頭尾與旁邊硬絲，切成約5～6公分段狀；蝦米、蒜頭、青蔥及冬菜切末；紅辣椒切小段。（1）
2. 鍋中倒入液體植物油，油溫熱後放入四季豆。（2）
3. 用中小火將四季豆炸到表皮微微變皺的狀態，約8～10分鐘。（3）
4. 將炸好的四季豆撈起，瀝乾油脂。（4）
5. 鍋中保留1T油，將多餘的炸油倒出。放入絞肉，並搗散炒至變色。（5）
6. 然後加入蒜末、蝦米、紅辣椒及冬菜拌炒均勻。（6）
7. 再將青蔥加入混合均勻。（7）
8. 倒入炸好的四季豆翻炒2分鐘。（8）
9. 最後加入調味料混合均勻即可。（9、10）

1

2

3

4

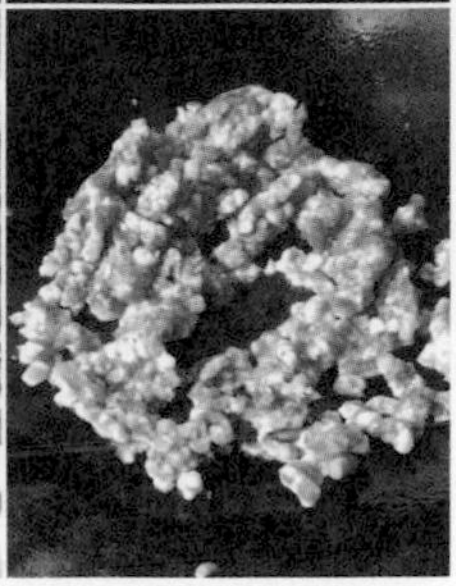

5

6

7

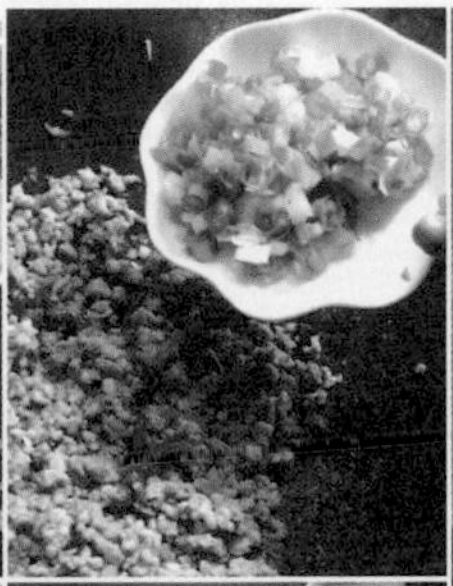

8

9

10

八寶辣醬丁

我的母親是一位溫柔且家教良好的女性，她做事謹慎，心思縝密，我跟妹妹有任何困難，她總可以給我們提供最佳的建議與指導。母親燒了一手好菜，味覺非常敏銳，將外婆與奶奶兩邊的味道融合貫通發展出自己獨特的口味。如果出門吃了什麼好吃的料理，回家通常都可以嘗試做出來。在我心中，她在廚房無所不能。

從小我就喜歡窩在廚房看母親洗洗切切，她切的肉絲每一條都一般粗細，絕不馬虎。絲就是絲，丁就是丁，末一定細細剁。她不會因為趕時間就忽略這些細節，所以每一道料理呈現出來就是這麼完美。從這些小地方就看的出她的細膩，我在廚房的時候也以她為學習對象。廚房是培養耐心及毅力最好的場所，為什麼我要這麼說？因為在清洗這些食材的過程就必須花費很多時間，如果再加上準備工作，心力更是加倍。以這道料理來說，烹調方式並不困難，但是所有材料都要切成一致大小的丁狀就要在廚房花上一番工夫，若沒有耐心及愛心是沒有辦法堅持的。

多種山珍海味組合成這道豐富的菜餚，用甜麵醬做為主要調味，每一口都可以嘗到各種不同的口感，而且纖維及蛋白質也都均衡攝取。不管是配飯或是拌麵都是絕配。

認識食材

毛豆

毛豆為未成熟的大豆，豆莢外皮有細絨毛，顏色呈現青綠色，一個豆莢內約有二到三顆種子。毛豆大多是用鹽水煮熟剝開直接食用，味道清脆爽口，若拌上蒜頭、辣椒等辛香佐料就是一道當做零食或下酒的小菜。毛豆含有豐富的植物性蛋白質，有「植物肉」的封號。

份量
約5～6人份

材料
雞胸肉150g 蝦仁100g 乾香菇4朵
紅蘿蔔1/4條 毛豆100g 熟竹筍1/2支
豆乾4片 熟花生米1小把

醃料
醬油1t 米酒1t 太白粉1t 蛋白少許

調味料
甜麵醬1.5T 糖1/2T
辣豆瓣醬1T 白胡椒粉少許

做法

1. 雞胸肉切1公分大小丁狀，加入醃料，混合均勻後，醃30分鐘入味。
2. 蝦仁用少許鹽混合均勻放置5分鐘，將鹽洗去，用餐巾紙將水分擦乾（用鹽先抓洗一下就可以洗去表面的黏液，炒出來的蝦仁才會清脆好吃）。
3. 擦乾的蝦仁切成丁狀；乾香菇泡冷水軟化後，切成丁狀。
4. 豆乾、紅蘿蔔及熟竹筍切成1公分大小丁狀。（1）
5. 燒一鍋水，水沸騰後，放入紅蘿蔔及毛豆煮5分鐘撈起。（2）
6. 炒鍋中放2～3T油，油溫熱後，分別放入雞肉及蝦仁炒熟撈起。（3～5）
7. 利用原鍋中的油，將紅蘿蔔、毛豆及香菇丁放入炒香。（6）
8. 再放入筍丁及豆乾丁翻炒2分鐘。（7）
9. 然後加入所有調味料翻炒均勻，炒1～2分鐘入味。（8、9）
10. 最後，放入炒好的雞肉、蝦仁及熟花生米翻炒均勻即可。（10、11）

1

2

3

4

5

6

7

8

9

10

11

薑絲炒大腸

再好吃的東西吃久了，還是會膩。如果口味一成不變，也會讓人失去興趣。人是善變的動物，天天準備三餐就要努力變化花樣。我自認不是很挑嘴的人，但同一道菜若三天內出現兩次，我就有些提不起興趣了。可能也是這樣的因素，我們家餐桌上的菜色才可以有這麼多變化。

大腸好吃卻不好處理，處理得不好，做出來的料理會有可怕的怪味，並讓辛苦的過程都白費。通常要清洗乾淨必須將腸子利用筷子翻面，使用麵粉仔細搓揉，反覆二至三次就完成。處理好的大腸是很多料理的主角，無論煎煮炒炸紅燒都有許多擁護者。冬天我喜歡來一鍋麻辣肥腸鴨血，紅通通熱呼呼，再冷都不怕。

老公家在新竹，那兒有很多道地的客家小館。剛結婚時，我們常常去新埔的一家小店享受好吃的客家料理。其中每一次都會點的就是「薑絲炒大腸」，酸嗆夠味的滋味讓我百吃不厭。這麼多年，店裡面的擺設沒變，人情味沒變，小店掌廚的人已經由媽媽換成兒子，不過味道一樣一級棒。自己做其實很簡單，先將大腸煨煮至軟爛，然後下鍋跟薑絲及醋精大火快炒，極其開胃的一品就完成！

認識食材

薑

薑一般可分為老薑（又稱乾薑）與嫩薑（又稱生薑）兩種，老薑味道較重較辣，一般常用於薑母鴨或麻油雞等料理中，嫩薑則較適合用來調味。若想減輕薑的辛辣味，只要泡於清水中即可。選購時，不管嫩薑、老薑，都以薑體肥大、硬實又有重量較佳。保存時，嫩薑可至於冰箱冷藏室，約可存放一至二星期。老薑則放在通風陰涼處即可。

份量
約4人份

材料	豬大腸300g 薑10～12片 紅辣椒1支 米酒30cc
調味料	黃豆醬1.5T 糖1/2t 醋精1.5T

做法

1. 若買到沒有清洗乾淨的大腸，請使用筷子將腸子內部翻折出來，灑上麵粉及鹽，仔細將大腸內部清洗乾淨。
2. 燒一鍋水，水沸騰後，放入大腸，再加入2～3片薑片及米酒，以小火燉煮50分鐘。（1、2）
3. 大腸煮好撈起，用清水沖洗乾淨放涼，切成約2公分段狀；剩下的薑片切細絲；紅辣椒切絲。（3）
4. 鍋中倒約1T油，油熱後，放入薑絲及紅辣椒絲炒1分鐘。（4）
5. 接著放入大腸翻炒均勻。（5、6）
6. 然後加入黃豆醬及糖，拌炒1～2分鐘。（7）
7. 最後加入醋精拌炒均勻即可。（8、9）

小叮嚀。。。

• 醋精濃度高，請斟酌使用。沒有醋精，可以用白醋代替，份量約加４大匙。

1

2

3

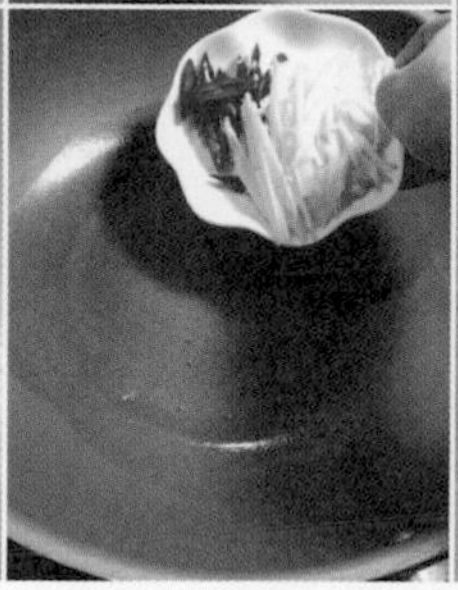

4

5

6

7

8

9

煎炒

乾燒蝦仁

過年期間都是主婦最忙碌的時候，打掃還兼顧準備年節的東西。到迪化街採購年貨跟果乾零食，到銀行換新鈔，家中洗滌清潔，雜瑣事情還真是不少。老公家是大家族，每年回家過年的親戚很多，年夜飯圍爐都要準備兩桌才夠。前幾年準備年菜這份吃重的工作都是由婆婆一個人負責，我只需要在廚房幫些小忙。又要蒸年糕，炸菜籤，還要準備各式各樣三牲禮拜拜。不管是蒸的或燉的，每一道料理都是特大鍋子才夠這麼一大家人吃。一個年下來，真的是消耗很大的精神和時間。這幾年婆婆體力也不如前，公公也希望婆婆休息，所以全家開始在外面餐廳訂席，雖然少了婆婆特別的年菜，但是一家人聚在一起的心不變。

放寒假家裡也多了一個幫手，在廚房忙的準備晚餐的時候，Leo就成為我的小跟班，幫著遞遞調味罐，在旁邊切菜洗滌，提醒我烘烤時間到了，讓我輕鬆不少。很久沒有這樣的母子時光，讓我備感溫馨。前幾天在媽媽家拍下今年的全家福，我挽著他的手臂，他笑的靦腆，希望媽媽的味道也會永遠留在Leo心中。

新鮮白蝦好鮮甜，加上酒釀及番茄醬特調醬汁燒製，真是超好吃！

認識食材

蝦仁

蝦仁泛指新鮮的河蝦或海蝦將外殼剝除而成，沒有蝦殼吃起來更方便，烹調的菜色也更豐富。蝦肉低脂高蛋白，很適合老年人及兒童食用。蝦仁首要選擇新鮮，味道才好，也可以自己買鮮蝦回家自行將殼去除，炒飯或炒蛋滋味鮮美。

份量
約4人份

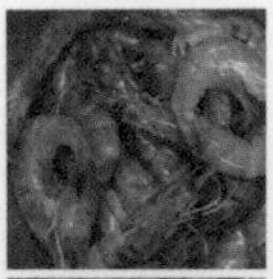

材料	白蝦600g（含殼） 鹽1/4t（洗去黏液用） 薑2～3片 蒜頭2～3瓣
醃料	紹興酒1t 白胡椒粉1/8t 太白粉1/2t
調味料	酒釀1.5T 糖1/2t 豆瓣醬1T 番茄醬3T 鹽1/8t 紹興酒1T 高湯150CC（參見P.361） 太白粉水1T（太白粉1T＋水1/2T）

做法

1. 薑切末；蒜頭切末。
2. 白蝦去砂線剝去外殼，用少許鹽混合均勻，放置5分鐘，將鹽洗去，用餐巾紙將水分擦乾。（1、2）
3. 擦乾的蝦仁用醃料混合均勻，醃漬20分鐘。（3、4）
4. 鍋中放3～4T油，油溫熱後，放入蝦仁炒至變色先撈起。（5、6）
5. 放入薑末及蒜頭末，用小火爆香。（7）
6. 依序加入所有調味料及高湯混合均勻煮沸。（8、9）
7. 倒入事先炒熟的蝦仁混合均勻。（10）
8. 最後用太白粉水勾芡即可。（11、12）

小叮嚀。。。

・蝦仁用鹽先抓洗一下就可以洗去表面的黏液，炒出來的口感才會清脆好吃。也可以直接使用剝好的蝦仁。

1

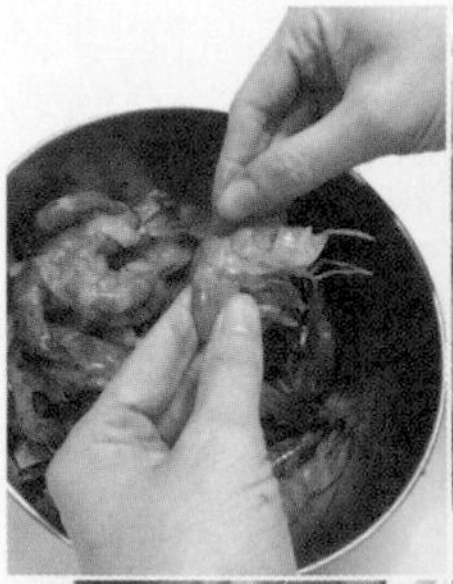

2

3

4

5

6

7

8

9

10

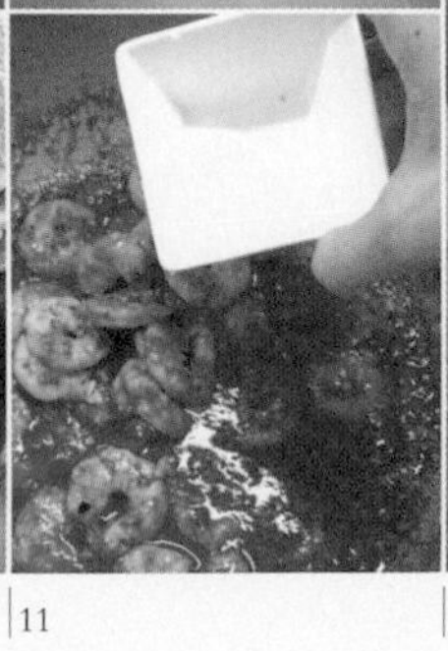

11

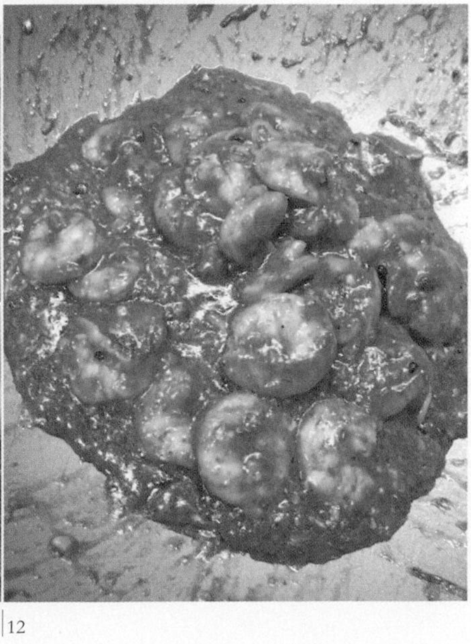

12

煎炒

滬江烤麩

烤麩是麵筋製品，但與麵腸、麵筋的口感不太相同。一般麵腸組織是紮實的，沒有任何孔洞，而烤麩製作過程因為添加了酵母，藉由酵母的作用力在麵筋中產生氣體，所以成品組織中會有大氣孔，類似一塊海綿體。這樣的特性使得烤麩口感蓬鬆有彈性，而且可以吸收湯汁，味道特別豐富。

江浙菜偏重口味，色香濃醇，這是從小吃到大的一道傳統經典的素食料理，大年初一奶奶吃素也會有烤麩上桌。滿桌的大魚大肉，這一道素的小品可是非常搶手的料理。烤麩先用油煎到酥香上色，若怕油膩不希望吃太多油，也可以將切好的烤麩放入烤箱中烘烤到脆硬，效果也不錯。搭配烤麩的配料不外乎香菇、筍片等，炒好吃冷吃熱都可，但多數習慣冷食，算是非常道地的一樣海派本幫菜。添加了鮮脆的毛豆，少許的八角提香，不僅視覺效果更好，也增添香氣，鹹中帶甜非常夠味。

認識食材

烤麩

烤麩為麵粉中的蛋白質經過發酵、蒸製而成，口感鬆軟有彈性，是常見的素食材料。外形多呈現四方，顏色米黃，組織有著分布均勻的氣孔，類似海綿。烤麩料理前通常先用油將表面煎至金黃，口感更佳，代表菜為江浙菜「四喜烤麩」。

份量
約4人份

材料
乾燥香菇4～5朵 烤麩200g（也可使用麵腸或麵筋代替）
熟竹筍150g 黑木耳60g 毛豆60g 八角3～4粒

調味料
醬油3T 糖1.5t 水100cc

做法

1. 乾燥香菇泡冷水軟化，切成片狀；熟竹筍切片；黑木耳切小塊。
2. 烤麩切成厚約1公分片狀，放入沸水中汆燙1～2分鐘撈起，將多餘的水分壓出。
3. 鍋中放4T油，油溫熱後，放入烤麩，煎至兩面呈金黃色後盛起。（1）
4. 再加1T油，油溫熱後，放入八角及香菇炒香。（2）
5. 依序加入黑木耳、毛豆及筍片翻炒均勻。（3）
6. 加入所有調味料煮至沸騰。（4、5）
7. 最後加入烤麩混合均勻。（6）
8. 蓋上蓋子，使用小火燜煮至湯汁收乾即可。（7、8）

1 2 3 4

5 6 7 8

櫻花蝦炒蒲瓜

第一次看到櫻花蝦時，是在吃日本的米果零食中發現的。那時就覺得這蝦子好特別，顏色好美，以為是只有日本才有的特產。後來到迪化街採購年貨的時候才發現，原來這也是台灣的珍寶之一。台灣東港有三寶——鮪魚、櫻花蝦與油魚子，其中外形小巧玲瓏的櫻花蝦全世界只有東港和日本靜岡有產，更顯得彌足珍貴。有著細薄柔軟的外殼，肉質鮮美，身體呈現透明淺紅色並有紅點，是料理搭配的聖品。

蒲瓜肉質甜嫩，水分多且熱量低，能消暑解熱，大多以炒食為主，但其實生食涼拌也非常好吃。我們家老公是最喜歡嘗試新料理的人，在他的巧手下，將蒲瓜去皮切薄片用少許鹽抓一下去水，然後再加上醬油、麻油、蒜頭、香菜與少許糖拌勻，就是清涼爽口的桌邊小菜。

喜歡口味重一點的人試試這道好看又好吃的櫻花蝦炒蒲瓜，吃起來有些許的鹹香味，濃濃海洋的風味立即佈滿口中。我們要多多支持台灣的農漁特產，讓台灣的美味也能夠在世界上發光發熱！

認識食材

蒲瓜

蒲瓜也稱為瓠瓜，葫蘆科葫蘆屬一年生蔓性草本，外皮以細微絨毛。果味清淡，肉質細緻，中醫有利水消腫、止渴解熱等功效，大多煮食炒製為多。選擇時要挑選果皮細嫩，重量重一點的，吃起來才不會過老。

份量
約4人份

材料 乾燥香菇2～3朵 蒲瓜450g
櫻花蝦2T 蒜頭2～3瓣

調味料 鹽1/3t 白胡椒粉1/8t

做法

1. 乾燥香菇泡冷水軟化，切成條狀；蒲瓜去皮，切片塊；蒜頭切片。（1）
2. 鍋中倒約3T油，油溫熱後，放入櫻花蝦，以中火炸至金黃色盛起。（2）
3. 加入香菇及蒜頭翻炒1～2分鐘。（3）
4. 再加入蒲瓜翻炒均勻。（4）
5. 加入調味料混合均勻，蓋上蓋子，以小火燜至蒲瓜軟。（5、6）
6. 最後加入炸香的櫻花蝦混合均勻即可。（7、8）

1 2 3 4

5 6 7 8

糖醋雞丁

父親性格開朗熱情，小時候常常有父親的同事朋友來家裡吃飯，而且每一次來訪人數都高達十多人，家中熱鬧無比。不過這樣的情況往往就累了母親，她一個人從一個星期前就開始規畫，計畫菜單及烹調流程。除了要準備這麼多人的餐點，還外帶整理打掃家裡，再加上採購處理材料等工作就必須忙碌好幾天。賓客到訪的當天，她更是一早就起來準備，幾乎沒有休息的在廚房待一整天。直到所有客人散去，她還要收拾清潔。我和妹妹年紀小，也都幫不上太多的忙。但凡是來家裡吃過母親料理的人，無不誇讚且念念不忘，她的好手藝是大家公認的。

現在想起來，母親真的是有著超人的毅力，也是父親最得力的賢內助，可以幫助父親拓展人際關係，也是默默在身後支持他的最有力靠山。相守相知近四十五年的兩人，一步一步建立了彼此的堡壘，也給我和妹妹兩人最溫暖的家。偶爾看他們鬥鬥嘴，我心裡都會心一笑，因為我知道他們永遠離不開對方。前一陣子父親生病住院，母親每天往返家中與醫院間照顧，第一次感受到父母親之間那份濃得化不開的牽絆，從他們兩人的背影中，我看到了一輩子珍貴無私的愛。

死生契闊，與子成說；執子之手，與子偕老。牽著彼此的手，我們來生還要一起走。

認識食材

雞胸肉

雞胸肉為全雞的胸部部位，蛋白質豐富，肉厚無骨。因其脂肪含量低，是控制熱量最佳選擇，但是因為此部位活動量最少，肉質較為乾澀。雞胸肉適合切丁快炒，口感較為滑嫩。

份量
約4人份

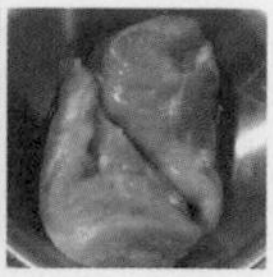

材料
雞胸肉2塊（300g） 洋蔥100g
紅、黃甜椒各100g 蒜頭2～3瓣

醃料
醬油1T 米酒1T 蛋黃1個
白胡椒粉1/4 t 太白粉1T

沾粉
太白粉50～60g

調味料
番茄醬3T 糖4T 醬油1T
白醋3T 太白粉1.5T 冷水4T

做法

1. 雞胸肉切成約2公分塊狀，加入醃料混合均勻，醃漬30分鐘入味。（1、2）
2. 洋蔥及紅、黃甜椒切方塊；蒜頭切末。
3. 調味料全部混合均勻備用。（3、4）
4. 醃好的雞塊均勻沾上一層太白粉。（5）
5. 鍋中倒約200g油，油溫熱後，放入雞肉，以中火炸至金黃色盛起。（6～8）
6. 再度將油燒熱，將雞塊放入再炸30秒盛起。
7. 原鍋中保留2T油，其餘油倒出。
8. 加入蒜末及洋蔥炒香。（9）
9. 再加入紅、黃甜椒翻炒1～2分鐘。（10）
10. 加入綜合調味料，煮至沸騰（加入時，邊加邊攪拌）。（11、12）
11. 加入雞肉塊快速混合均勻即可。（13、14）

小叮嚀。。。
・雞胸肉也可以使用豬梅花肉代替。
・雞塊炸兩次，口感更酥脆。

1

2

3

4

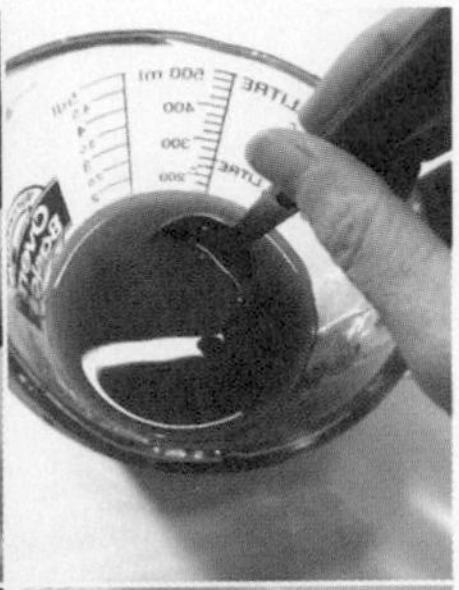

5

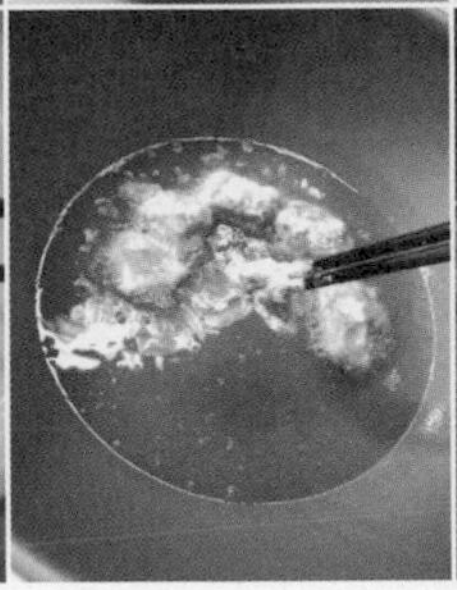

6

7

8

9

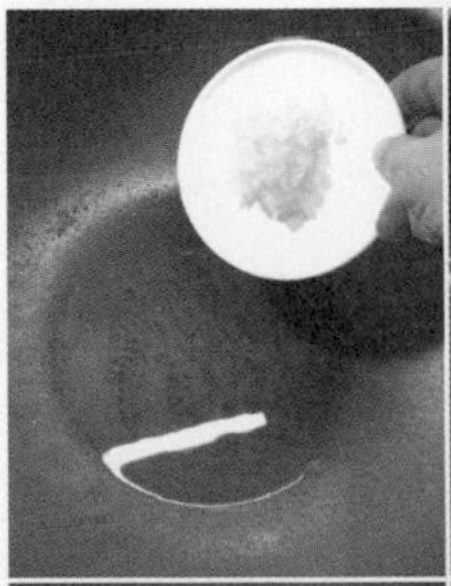

10

11

12

13

14

蒼蠅頭

韭菜花是韭菜的花蕾花莖部位，口感脆嫩，香氣十足。韭菜是很多麵食餡料不可缺少的材料，就好像水餃、水煎包我就偏好韭菜口味，任何蔬菜都沒有辦法和韭菜相比。韭菜家族還有我很愛很愛的韭黃，炒豆腐乾肉絲包春捲也是一絕。

韭菜吃法很多，夜市麵攤黑白切中，最常見到的燙韭菜簡單原味，將韭菜洗乾淨綁成一捲，熱水稍微汆燙，沾醬油膏食用，精神不佳來上一盤，就能夠迅速恢復元氣。韭菜味道強烈，適合跟肉類海鮮搭配，小吃攤炸到香酥的炸蚵嗲，也是我很喜歡的一道小點。

「蒼蠅頭」雖然有著不甚雅觀的名稱，但卻是很下飯的一道小炒，帶便當尤其適合，鋪在米飯當中特別有胃口。據說這是台灣一家餐廳師傅利用剩下來的材料組合起來的一道川式料理，鹹、香、辣的滋味，讓人忍不住多扒幾口飯。意外完成的料理，後來變成了熱門流傳的好滋味，這大概是當初創造者所意想不到的事。不過料理的趣味也在這裡，不同的人不同的材料，就創造出不同的風情。

認識食材

韭菜

韭菜花是韭菜的花蕾花莖部位，口感脆嫩，香氣十足，是很多麵食餡料不可缺少的材料。韭菜吃法很多，夜市麵攤黑白切中，最常見到的燙韭菜簡單原味，將韭菜洗乾淨綁成一卷，熱水稍微汆燙，沾醬油膏食用，精神不佳來上一盤，就能夠迅速恢復元氣。韭菜味道強烈，適合跟肉類海鮮搭配。

份量
約4～5人份

材料	豬絞肉150g 紅辣椒1支 蒜頭2～3瓣 韭菜花200g 豆豉3T
調味料	辣豆瓣醬1/2T 鹽1/4t 麻油1t 糖1t

做法

1. 紅辣椒及蒜頭切片；韭菜花清洗乾淨，切成約0.5公分小段。（1）
2. 鍋中放油2T，油熱後，放入豬絞肉翻炒至熟（邊炒邊用鍋鏟將絞肉炒鬆散）。（2）
3. 然後放入豆豉、紅辣椒及蒜頭炒香。（3）
4. 最後加入韭菜花及所有調味料，拌炒2～3分鐘即可。（4、5）

1

2

3

4

5

魚香肉絲

關於魚香肉絲有一個很可愛的小故事。相傳在很久以前，四川有一戶人家非常講究吃魚，每一次燒魚，都加入大量的蔥、薑、蒜來調味。有一次，太太為了不浪費已經準備好的蔥、薑、蒜，隨手在炒肉絲時，將用來燒魚的配料全加了進去，沒想到做出來的料理得到家人的讚賞，所以取其名為「魚香肉絲」。很多現在有名的料理都是無意間做出來的，有時候誤打誤撞，反而得到意想不到的結果，所以失敗並不一定是沒有用處，重要的是如何在失敗中學習，並找到可利用的地方。

魚香肉絲其實並沒有真正的魚在其中，只是加入的調味料類似魚香的味道而已，而烹調方法也是傳統燒魚的方式，所以也可以用同樣調味的方法來燒茄子或其他蔬菜等。

晚餐是我每天最珍惜的時間，在餐桌上我們談論著一天的大小事，分享彼此的快樂傷心，一家人緊緊的聯繫著。這道料理是媽媽的拿手菜，只要一上桌，碗裡的飯很快就扒光了。中式的熱炒還是最吸引人，又加上了蔥、薑、蒜這些酸、辣、香的元素，馬上讓味蕾瞬間投降。

認識食材

黑木耳

黑木耳不管炒食或煮湯，鮮木耳的口感都非常爽脆。選購時，以大朵後肉無雜質，完整不破損最佳。保存時，則以透氣保鮮膜包裹好，放在冰箱冷藏室，約可存放一星期左右。

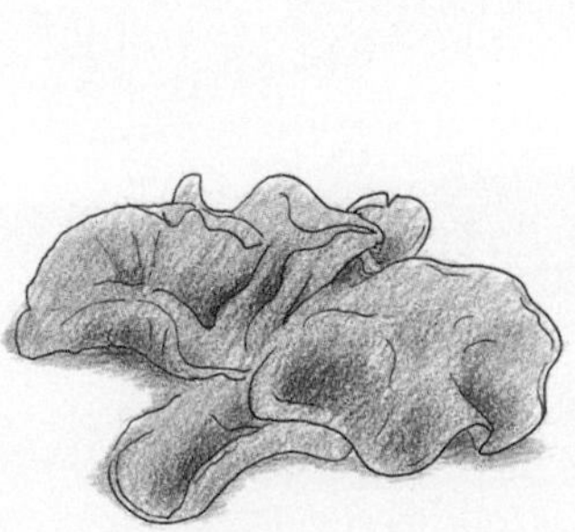

份量

約4人份

材料	豬肉絲250g 熟竹筍1/2個 黑木耳3～4片 蔥2支 薑3片 蒜頭4～5瓣
醃料	醬油1T 米酒1T 蛋白1/4個 太白粉2t
調味料	醬油1T 米酒1T 辣豆瓣醬1T 黑醋1T 糖1/2T 太白粉2t＋水1.5T

做法

1. 豬肉絲加上醃料，醃漬30分鐘入味。
2. 熟竹筍、黑木耳切成細絲；蔥、薑與蒜頭皆切成細末。（1）
3. 鍋中放約2T沙拉油，油熱後，放入醃好的肉絲，先炒半熟撈起。（2、3）
4. 鍋中再加入1T沙拉油，將蒜頭、薑、蔥及辣豆瓣醬放入炒香。（4、5）
5. 接著加入竹筍及黑木耳絲，拌炒均勻，然後放入肉絲炒熟。（6、7）
6. 再將所有調味料加入混合均勻，最後加入太白粉水勾薄芡即可。（8、9）

1 2 3 4

5 6 7 8 9

麻。婆。豆。腐。

小的時候看媽媽在廚房做事都不怕燙，熱鍋熱碗都可以用手直接端。我問媽媽：怎麼您都不需要戴手套，不燙嗎？媽媽都開玩笑說她有練鐵砂掌。自己在廚房久了，好像也漸漸不怕燙，雙手也自然而然習慣了超過平時的溫度。這應該就是媽媽手吧！老公也會好奇的問我怎麼不怕燙，我也回答他：我有練功呢！

如果冰箱剛好有豆腐跟絞肉，馬上想到的就是燒一道麻婆豆腐。在調理的時候，我也喜歡多多了解這些傳統料理留下來的典故，料理彷佛有了生命，吃在口中的時候也更添趣味。這道菜的發源地是在四川成都北門外的萬福橋頭，一位臉上留有天花痘斑的劉姓婦人所創。她與丈夫在萬福橋頭開了間小飯舖，因為豆腐便宜，是往來經商運油的腳夫必點料理。所以劉姓婦人利用豆腐做了各式各樣煎、煮、炒、炸的菜色，其中添加辣椒、豆鼓、豆瓣醬及花椒的豆腐佳餚竟然大受歡迎，成了流傳的美味。

鮮、麻、辣、燙、嫩，讓人配上一大碗白飯吃的額頭冒汗，好過癮！

認識食材

板豆腐

板豆腐即是所謂的傳統豆腐。其製作時係使用木製的模板定型，製成後擺放於一版一版的木板上，故稱。板裝豆腐因調漿濃度與含水分程度的不同，而有老豆腐與嫩豆腐之分。嫩豆腐或稱水豆腐，含漿較少，水分較多，口感軟滑。由於水分多，故容易碎裂，不適合久煮，適合蒸、涼拌，或較短時間的烹調方式。老豆腐：或稱硬豆腐，含漿較多，水分較少，口感較硬且扎實，適合煎、燜、燒、炸等高溫久煮，亦可做餡料。

份量
約4人份

材料
板豆腐1塊（約300g） 絞肉100g 蒜頭2瓣
豆豉1T 乾辣椒末1/2T 花椒粉1/2t
青蔥2支 高湯200cc（參見P.361）

調味料
辣豆瓣醬1T 醬油膏1T
米酒1T 太白粉水適量

做法

1. 板豆腐切成丁狀；蒜頭切末；青蔥切成花。（1）
2. 鍋中放入3T油，放入絞肉炒熟至變色。（2）
3. 將豆豉、蒜末、乾辣椒末與花椒粉放入炒香。（3）
4. 再加入辣豆瓣醬、醬油膏及米酒，拌炒均勻。（4）
5. 加入高湯及豆腐丁煮沸，再以小火燜煮3分鐘，讓豆腐入味。（5、6）
6. 最後用適量太白粉水勾薄芡。（7）
7. 起鍋前淋上一些痲油，灑上蔥花即可。（8）

1 2 3 4

5 6 7 8

沙茶玉米

平時去市場時，如果看到漂亮的玉米，一定會帶幾支回家水煮著吃，有一點餓的時候啃一支就可以解餓。小時候最喜歡媽媽煮甜玉米了，我和妹妹邊吃邊玩，把玉米粒當兔寶寶牙，還會比賽誰能夠把玉米粒剝的最乾淨。

買到了不甜又有點老的玉米有點失望，水煮了一點都不好吃，這時候我就會把玉米剝下來，做成老公小時候最愛的這一道便當菜。添加一點沙茶醬提味，不好吃的玉米粒也變的好下飯，這個味道還讓我想起夜市的碳烤玉米，就算沒有去夜市也能夠解解饞。

假日的時候，我和老公最喜歡做的事就是窩在廚房一塊做菜，我們各自準備不同的料理給對方品嘗，分享自已童年時候的懷念料理。老公是我最好的試吃員，不論中式、西式，我做什麼，他都會開心著說好吃。

今天請他幫我剝玉米，用手直接剝的方式就可以把玉米粒剝的乾乾淨淨，炒一盤他記憶中媽媽的美味。

認識食材

玉米

玉米又稱玉蜀黍、番麥，是一年生草本植物，也是世界三大穀類作物之一，產量僅次於小麥與稻米。玉米含有大量營養素，其中的胡蘿蔔素，被人體吸收後能轉化為維生素A，具有防癌作用；不飽和脂肪酸對高血壓及心血管等具有食療效果；而維生素則不僅是生育素，而且還有抗氧化、抗衰老的作用。玉米用在煎、煮、炒料理的烹調都很適合，也是大人、小孩都喜歡的食材之一。

小叮嚀。。。

• 這道料理非常適合帶便當。

份量
約4～5人份

材料 煮熟玉米2支 紅辣椒1支
蒜頭3～4瓣 沙茶醬1.5T 鹽適量

做法 鹽1/3t 白胡椒粉1/8t

1. 將玉米粒其中一列先用刀剖出來。（1）
2. 順著空位，用手將所有玉米粒推剝下來。（2～4）
3. 紅辣椒切小段；蒜頭切片。（5）
4. 鍋中熱1T油，先放入紅辣椒及蒜頭炒香。
5. 加入玉米粒翻炒2～3分鐘（若是生的玉米粒，要加少許水燜煮一下）。（6）
6. 最後加入沙茶醬及適量的鹽，翻炒均勻即可。（7、8）

1 2 3 4

5 6 7 8

番茄炒蛋

番茄炒蛋絕對是一道最常出現在餐桌上的料理，也是便當店、自助餐廳的經典菜色。我相信一年中總有好幾次想回味這盤媽媽味，這麼家常的一道料理，家家都有不同的做法，有人喜歡將蛋炒到糊狀，有人偏愛番茄和蛋清楚分明，而我就是屬於後者。在部落格中分享了自己的做法後，好多主婦來留言，有人想起娘家媽媽的做法也是這樣，但是結婚後跟婆婆一塊生活，料理都由婆婆主導，口味也必須跟著做調整。也有人留言說，喜歡最後才把蛋液加入，淋在熱飯上享受燴飯的滋味。做法雖然不同，但料理的精神卻不會改變。

結婚後，我很幸運的擁有自己的廚房，可以自由自在的嘗試不同的菜色及調理方式。不知道誰說的，一個廚房容不下兩個女人，在自己的廚房中，拿鍋鏟的時候，才能夠掌握自己的小世界。

番茄實在是很棒的蔬果，生食、炒食、燉煮都好。便宜的時候，我總會多搬一些回家。這道料理的顏色很漂亮，豔紅的番茄配上鵝黃色的雞蛋就讓人胃口大好。偶爾想不出做什麼菜時，保證這是一道百吃不膩的選擇。

認識食材

番茄

番茄實在是很棒的蔬果，生食炒食燉煮都好。不管大小番茄，其中的茄紅素都具有天然的抗氧化功能。由於番茄紅素是脂溶性的，必須經過油脂烹調才能釋放，有利於人體的吸收。選購時，以圓潤飽滿，有彈性，果色紅，且均勻亮澤的最好。如果想要多攝取茄紅素，選擇顏色愈紅的番茄，營養價值愈高。買回來後，用保鮮盒裝好，放入冰箱冷藏室，約可存放二至三天。

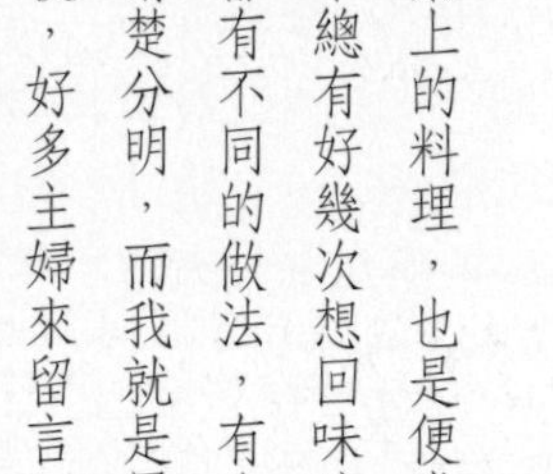

份量
約4人份

材料　番茄2個 雞蛋3個 青蔥1支

調味料　鹽1/4t 醬油1/2T 黃砂糖1t 番茄醬2T

做法

❶ 番茄切大塊；雞蛋打散；青蔥切成花。（1）
❷ 將1/4t鹽及蔥花加入雞蛋液中，混合均勻。（2）
❸ 鍋中熱適量的油，倒入雞蛋液。（3）
❹ 看到雞蛋開始凝固，利用鍋鏟，將雞蛋切成大塊散狀後盛起。（4）
❺ 倒入番茄塊，蓋上蓋子，用小火燜煮到軟。（5）
❻ 番茄軟了之後，倒入炒好的雞蛋，並加入所有的調味料，翻炒均勻。（6）
❼ 用小火再燜煮2～3分鐘，讓雞蛋入味即可。（7）

1

2

3

4

5

6

7

鹹蛋苦瓜

苦瓜雖苦，吃起來卻有回甘的滋味。帶點淡淡的甘苦，反而越吃越順口。苦瓜又稱為「半世瓜」，小的時候嫌苦瓜不能入口，但是年紀越大，越吃得出屬於苦瓜美妙的苦，漸漸愛上這份苦盡甘來的滋味，等到開始喜歡吃苦瓜的時候，也已經度過將近人生的一半。這……不正如我們的人生，年輕時總要經歷一切透徹頓悟，最終一定會獲得甜美的果實。

人的味覺很有趣，竟然對苦也這麼情有獨鍾。中醫認為，苦瓜具有清熱解毒，消暑健胃的功效，姑且不論是否這麼神奇，不過苦瓜卻是非常受歡迎的蔬菜之一。近年來，苦瓜品種越來越多，有混身雪白較不苦的白玉苦瓜，也有通體翡翠深綠的珍珠苦瓜，甚至還有非常迷你苦味加倍的山苦瓜，各有特色。夏天是吃苦瓜的好季節，煮個鳳梨苦瓜雞湯或是汆燙涼拌都是不錯的選擇。

不愛吃苦瓜嗎？那試試用鹹蛋來調理的方式，蛋香瓜甘爽，滿口生津。苦瓜非常容易跟肉蛋類或其他蔬菜一塊烹調，但是苦瓜卻始終堅持於自己的味道，並不會將苦傳給其他材料。我也要像苦瓜一樣不隨波逐流，永遠做自己。

認識食材

苦瓜

苦瓜又名涼瓜，是葫蘆科植物，為一年生攀緣草本。果實為紡綞形，表面有很多瘤狀突起。味苦可以促進食欲，含有大量的維他命C，性寒，中醫認為具有消暑清熱，解毒、健胃的功效，很適合夏季食用。不論清炒，涼拌或燉煮成湯品都可以，是常見的大眾化蔬菜。

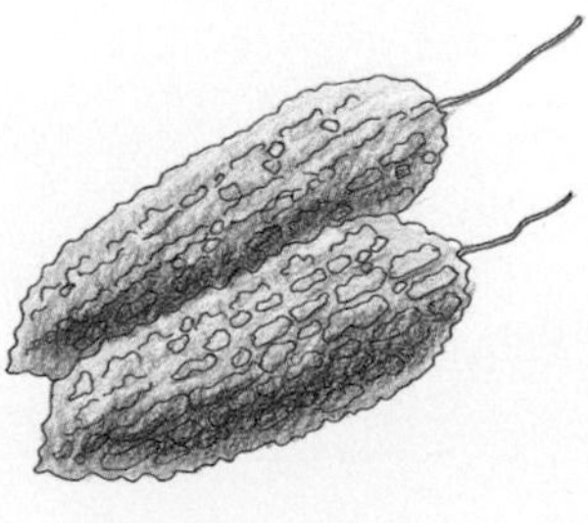

份量

約4人份

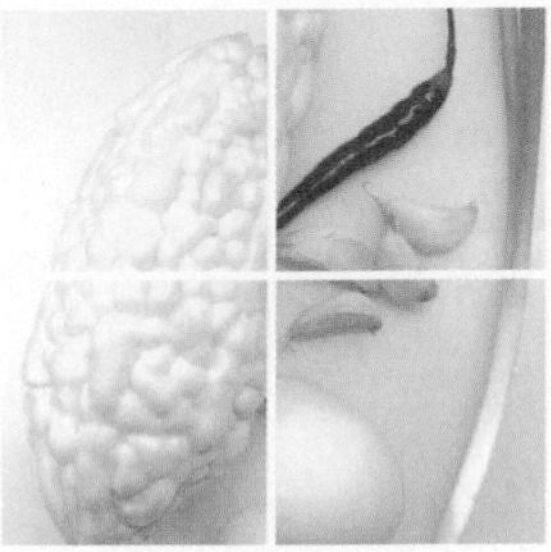

材料

苦瓜400g（任何品種皆可） 鹹蛋1個
蒜頭3～4瓣 青蔥1支 紅辣椒1/2支

調味料

鹽1/4t 米酒1/2T
糖1t

做法

1. 苦瓜清洗乾淨，切半去籽，再切成條狀；蒜頭及紅辣椒切末；青葱切段；鹹蛋去殼切末。（1）
2. 燒一鍋開水，水沸騰後放入苦瓜，汆燙2～3分鐘瀝乾水分撈起。（2）
3. 鍋中放2T油，油溫熱，放入蒜末及紅辣椒末，用小火爆香。（3）
4. 倒入鹹蛋末，以小火炒1～2分鐘。（4、5）
5. 再加入苦瓜，翻炒均勻。（6）
6. 最後加入所有調味料及青蔥段，翻炒1分鐘即可。（7、8）

煎炒

滑蛋蝦仁

如果有人問我，廚房中最少不了的材料是那一樣，我一定會說雞蛋。除了中西料理之外，每天的麵包及甜點蛋糕也不能沒有雞蛋。幾乎沒有一道食材可以像雞蛋這樣，可甜可鹹，少了它，很多料理或烘焙就沒辦法完成。早上如果吃西式的早餐，三明治中十之八久會有荷包蛋，就算不是荷包蛋，也會以蛋皮或沙拉蛋的形式出現。想吃中式傳統早餐，蔥蛋餅、燒餅夾蛋也是不錯的選擇。接下來的午餐，公司附近的自助餐店光是蛋的料理就不少，蒸蛋、炒蛋、烘蛋一應俱全。下午茶點心來塊西式蛋糕或餅乾，還是脫離不了雞蛋。晚餐準備一鍋滷蛋，煮個青菜蛋花湯，涼拌個皮蛋豆腐。宵夜煮碗泡麵時，再打個雞蛋吧！

瞧！雞蛋真的與我們一整天的飲食息息相關，少了它，很多美味就失去它原本的風味。

看了這麼多關於雞蛋的料理，要不要馬上就來道滑蛋料理呢？軟嫩的炒蛋配上清脆的蝦仁，這可是我們家秒殺的一盤料理。一端上桌就迅速消失，總讓我成就感十足！

認識食材

雞蛋

雞蛋是所有食材中，最物美價廉的一種。不但營養豐富，而且料理方式千變萬化，是既經濟又實惠的蛋白質來源之一。買回來的蛋如果在短時間內無法吃完的話，最好是放在冰箱內冷藏保鮮。一般而言，可存放三星期左右。如果是購買整盒蛋時，最好將它存放在原先印有日期的裝蛋盒內，而非放在冰箱門背的置物架上，這樣才知道蛋到底放了多久。

份量
約4人份

材料
蝦仁200g 鹽少許（洗去黏液用）
雞蛋3個 青蔥1支 薑3～4片

醃料
鹽1/8t 米酒1/2T
太白粉1/2T

調味料
鹽1/6t
白胡椒粉少許

做法

1. 蝦仁用少許鹽混合均勻放置5分鐘，然後將鹽洗去，用餐巾紙將水分擦乾（用鹽先抓洗一下就可以洗去表面的黏液，炒出來的蝦仁才會清脆好吃）。（1）
2. 擦乾的蝦仁用醃料混合均勻，醃漬20分鐘。（2）
3. 雞蛋打散，加入調味料混合均勻；青蔥切段。（3）
4. 鍋中放3～4T油，油溫熱後，放入蝦仁炒熟撈起。（4、5）
5. 將撈起的蝦仁放入蛋液中，混合均勻。（6）
6. 利用原鍋中的油，將青蔥及薑片放入1～2分鐘炒香。（7）
7. 將混合蝦仁的蛋液一口氣倒入鍋中。（8）
8. 一開始不要翻動，感覺蛋液周圍開始凝固時，就用鍋鏟迅速劃圈圈將蛋炒散。（9、10）
9. 抬起鍋把手轉動鍋子，使得蛋液在鍋底滑動。等大部分的蛋液一凝固，就馬上離火裝盤，避免蛋炒的太熟。（11）

1

2

3

4

5

6

7

8

9

10

11

辣子雞丁

雞肉是除了豬肉之外，家裡最常準備的肉類食材，通常都是到超市買大包裝回家再分裝成小包冷凍保存。還在上班的時候，每天下班先到幼稚園接Leo，趕著回家準備晚餐是一天中的大事，沒有太多的時間好好構思菜色，大多是打開冰箱看到有什麼材料就做什麼，只希望盡量縮短料理的時間。

好長一段日子，生活中沒有太多的休閒，跟老公兩個人唯一的目標，就是早日將房貸還清。老一輩的人常說，兩人同心，其力斷金。我跟老公雖然沒有賺大錢，但是我們認真做對的事情，過屬於自己的好日子。晚上時，我們總聊到很晚，聊著青澀歲月，聊著風風雨雨，聊著聊著到沉沉睡去。

富蘭克林說：「幸福已經騎在馬背上，不要放掉韁繩！」

雞肉是我很喜歡料理的食材，一方面好吃，一方面也屬於白肉類比較清淡。雞胸肉煮湯口感會澀，切丁快炒最適合。滑嫩的秘訣是醃漬的時候加少許蛋白，下鍋快速拌炒，保證肉質軟嫩，搭配喜歡的蔬菜就是一盤可口的料理。

認識食材

甜椒

甜椒含有豐富維生素C和β胡蘿蔔素，是辣椒的變種，而在糖度、厚度方面又比青椒高，是非常受歡迎的蔬菜之一。選購時，以表面光滑亮麗，外形完整，果肉結實有彈性較佳。保存時以塑膠袋或保鮮袋包裝好，放入冰箱冷藏室，可保鮮一星期左右。甜椒由於顏色鮮豔豐富，採用生食、汆燙、低油烹調，或運用甜椒豐富多彩的顏色來做涼拌菜等烹飪方式，比較能保留住甜椒的特色。

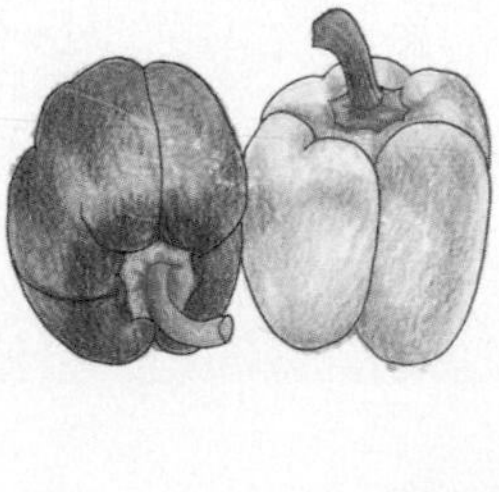

份量
約4人份

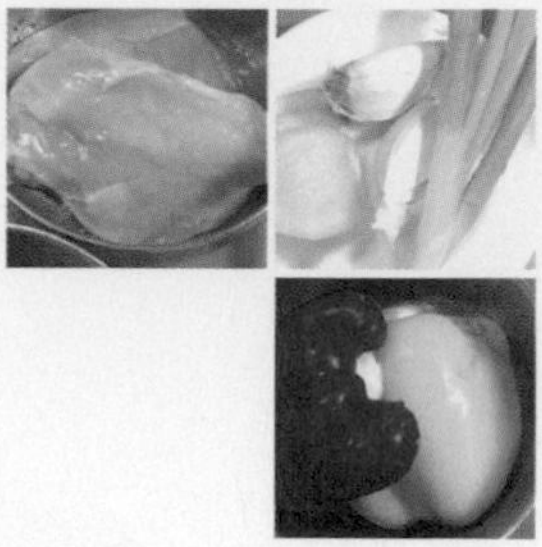

材料	雞胸肉2塊（約400g） 紅、黃甜椒各1/2個 青蔥2支 薑2片 蒜頭2～3瓣
醃料	鹽1/4t 米酒1T 白胡椒粉少許 太白粉1/2T 蛋白1t
調味料	辣豆瓣醬1.5T 醬油1.5T 糖1/2T

做法

1. 雞胸肉切成1.5公分方丁狀；紅、黃甜椒切粗條再切菱形；青蔥切段；蒜頭切片。（1）
2. 雞胸肉用醃料醃30分鐘入味。（2）
3. 炒鍋中倒入2～3T油，倒入醃好的雞肉丁，炒至變色後撈起。（3～5）
4. 原鍋中放入青蔥段、薑片及蒜片炒香。（6）
5. 再加入紅、黃甜椒，翻炒2～3分鐘。（7）
6. 然後放入所有的調味料及炒至半熟的雞肉丁。（8、9）
7. 全部材料再翻炒2～3分鐘，混合均勻即可。（10）

1 2

3 4 5

6 7

8 9 10

煎炒

油豆腐鑲肉

早上看到一則新聞，墨西哥科學家研究指出：男人會看地圖，女人會認路。老公一看到就哈哈大笑，因為這跟我們家的情況完全符合。我就是一個很不會看地圖的人，東南西北常常都弄不清楚。太相似的路名對我來說也很容易混淆，但是我很會認路認商店或是路上的建築物。反觀老公就很會認方向看地圖，我們如果要去不熟悉的地方，他就是最好的GPS。

以前和老公約在外面碰面，剛開始他對於地點的說法都是：某某路南向路口。而我往往到了地點等了半天，才發現我們兩個人分別站在斑馬線兩側傻傻張望。他才知道我根本弄不清楚他說的方向。後來我們的約法都是：某某捷運站旁邊的××店，這樣我就絕對不會弄錯。

有時候臨時要買一個東西，他會不知道要到那裡找店。但是我的腦中卻馬上記起在那一家速食店的附近曾經看到這間店。男與女，各自發揮天生專長，相輔相成。

油豆腐泡中鑲入滿滿餡料，好像一個寶盒，一口咬下有驚喜。餡料都可以依照個人喜好做各式各樣變化。這也是Leo很喜歡的便當料理！

認識食材

山藥

山藥本身黏液較多，烹調時可以將山藥切好，再放入滾水中快速汆燙後取出，再沖上冷水冰鎮，這樣就會讓山藥沒有這麼多黏液，冰鎮過後也會讓山藥更爽脆。

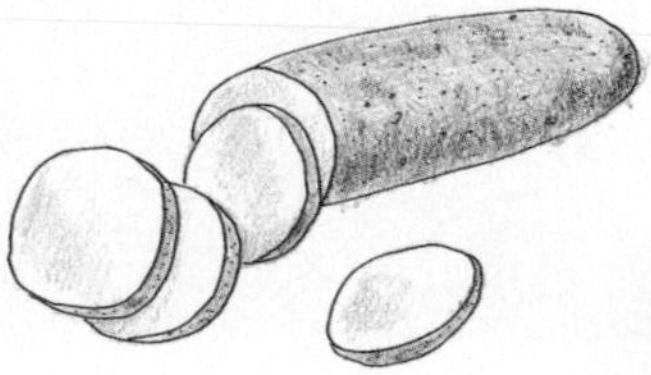

份量
約4人份

材料	豬絞肉250g 山藥150g 雞蛋1個 青蔥6～7支 薑1～2片 油豆腐12個
肉餡調味料	醬油1T 紹興酒1T 鹽1/4t 白胡椒粉少許
醬汁調味料	高湯200cc（參見P.361） 醬油1T 紹興酒1t 冰糖1t 太白粉1/2t＋冷水1t（勾芡使用）

做法

1. 山藥去皮磨成泥狀，絞肉再剁細一些。（1）
2. 青蔥切成蔥花；薑剁成泥狀。（2）
3. 將所有材料放入盆中，加上肉餡調味料攪拌均勻。（3、4）
4. 油豆腐泡放入熱水中煮3分鐘撈起，將多餘水分擠出。（此步驟可以將油豆腐泡多餘炸油去除，不在意可以省略。）（5）
5. 在油豆腐泡其中一面時，用小刀切出十字。（6）
6. 將調好的山藥肉餡緊實塞入。（7、8）
7. 鍋中放2T油，油熱後，將填好內餡的油豆腐泡開口朝下放入，以小火煎2分鐘。
8. 再將油豆腐泡翻面，依序加入醬汁調味料（除了太白粉水），蓋上鍋蓋，以小火燜煮至湯汁收乾剩1/3時，將油豆腐泡先撈起。（9～11）
9. 加入太白粉水，在剩下的湯汁中勾薄芡。（12、13）
10. 然後將撈起的油豆腐泡在放入與湯汁中，混合均勻即可。（14、15）

1
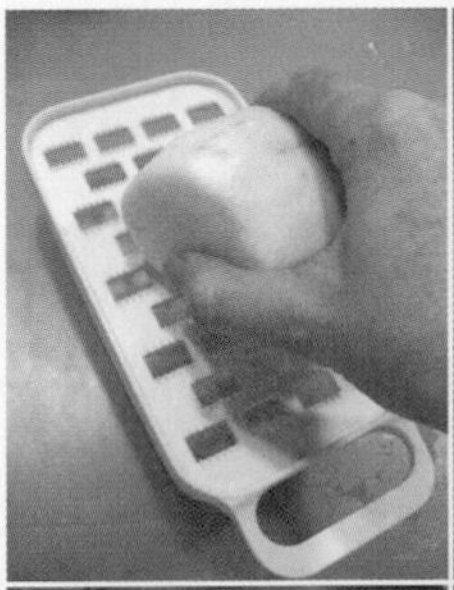
2

3

4

5
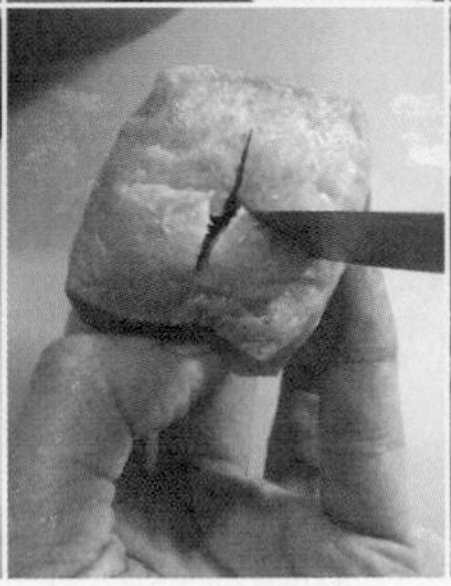
6

7

8

9

10
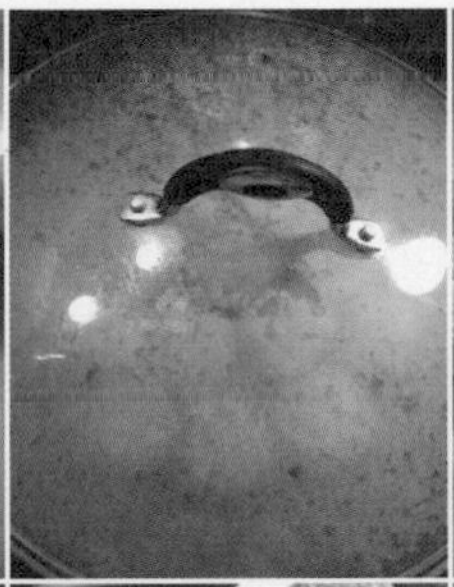
11

12
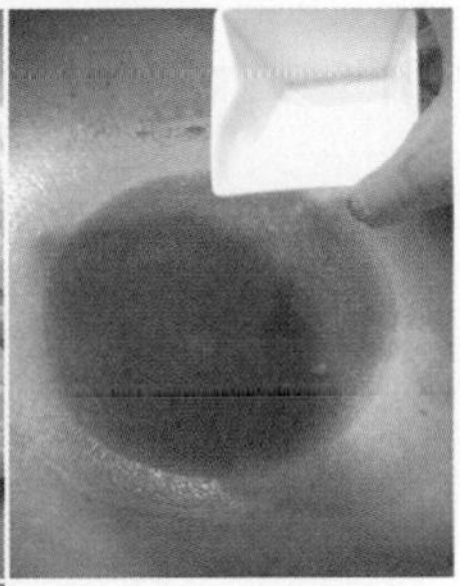

13

14

15

煎炒

腰果蝦仁

下午社區因為修理變壓器，暫時切斷電源。瞬間，整個社區變的好安靜。我難得關上電腦，靜靜在窗邊聆聽蟬鳴，世界彷彿停止運轉。

我記起許多年前曾經跟老公去菲律賓的宿霧島旅行，小島上沒有電視，沒有冷氣，沒有太多奢侈的設施。我們住在小木屋中整天無所事事，吹海風，看海，享受了六天悠閒的日子。一直到現在都還很懷念那次的體驗。

偶爾把腳步稍微放慢，擁抱生活中處處存在的平凡。一個平凡，兩個平凡，無數個平凡就堆疊出人生滿滿的幸福。

海鮮永遠是很吸引人的食材，香脆的腰果增加了特別的口感，再加上五彩繽紛的配料，一上桌就盤底朝天。

認識食材

腰果

腰果原產熱帶美洲，又名樹花生、雞腰果，是一種腎形堅果，為無患子目漆樹科植物果實的果柄，將其堅硬的外殼剖開取出的種子就是腰果。腰果脂肪含量高，風味特別，經過烘烤或炒香就是十分受歡迎的零食點心，也可榨油做為高級食用油。腰果的的單元不飽和脂肪酸佔其脂肪總量55%，有助控制體內的壞膽固醇。

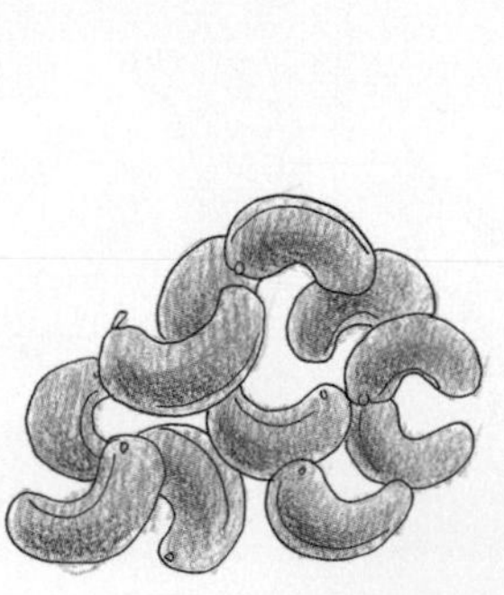

份量
約4人份

材料
草蝦仁300g 乾香菇2朵 紅、黃甜椒各1/3個
毛豆80g 蜜汁腰果80g 青蔥1支 薑2～3片

醃料
鹽1/8t 米酒1T
太白粉1T

調味料
鹽1/4t
白胡椒粉少許

做法

1. 蝦仁去砂線後，用少許鹽混合均勻，放置5分鐘，然後將鹽洗去，用餐巾紙將水分擦乾。（用鹽先抓洗一下就可以洗去表面的黏液，炒出來的蝦仁才會清脆好吃。）（1）
2. 擦乾的蝦仁加入醃料混合均勻，醃漬20分鐘。
3. 乾香菇泡冷水軟化，切成菱形；紅、黃甜椒切菱形；青蔥切段。
4. 鍋中放2～3T油，油溫熱後，放入蝦仁炒熟撈起。（2、3）
5. 原鍋中放入青蔥段及薑片，翻炒1～2分鐘炒香。（4）
6. 然後加入香菇及毛豆，翻炒2～3分鐘。（5）
7. 再加入紅、黃甜椒及調味料，翻炒1分鐘。（6）
8. 最後加入炒熟的蝦仁及蜜汁腰果，混合均勻即可。（7～9）

1

2

3

4

5

6

7

8

9

煎炒

鮮。椒。乾。絲。

從快遞手中收到一箱宅配，打開箱子時我驚叫連連。好友Meling寄來一箱自家種的紅椒辣給我，一整箱鮮紅欲滴，像火燄般耀眼，每一根辣椒肉厚兼飽滿多汁。

椒辣種類非常多，有一些外表會騙人，不一定鮮紅就辣嘴。如果想要辣的麻口，可以試試朝天椒，也稱為雞心椒，小小一根感覺非常可愛，但炒製過程中就會被散發出來的辣嗆到咳嗽，所以要視自身能夠接受辣的程度，千萬要小心添加份量。而在準備過程中也要當心，我曾經一次做辣椒鑲肉處理羊角椒去籽的步驟，結果手指頭被辣的像火在燒，一整天苦不堪言。看過網路報導，世界最辣的辣椒「千里達毒蠍辣椒」，讓試吃的人吃了之後胸悶頭暈，光看他們的表情，就知道有多可怕了。

受外婆及媽媽的影響，家常菜中放上一些辣椒，不只增加風味，也讓料理整體視覺更漂亮。我記得外婆很喜歡的一道家常小炒就是辣椒炒肉絲，一整盤紅通通幾乎看不到肉絲。小時候的我只能遠遠的看，筷子根本不敢伸，總是用崇敬的眼光看著外婆將辣椒送入口中。

這一箱辣椒讓我想起外婆，我迫不及待挑選了一小把鑽進廚房，今天也要來一盤紅紅的鮮椒干絲。老公跟Leo一看到菜上桌就開始頭皮發麻，不過可是多添了一碗飯。

認識食材

豆腐乾

豆腐乾或稱豆乾，是將豆腐再製的產品，將豆腐中的水分再減少，口感比較硬，較耐擺放，含有大量蛋白質。豆腐乾可再加工滷製成滷豆乾、或是煙燻豆乾等，味道鹹香可以當做零食直接食用。在料理中適合當做搭配蔬菜或肉類快炒，也適合涼拌。

份量

約4人份

材料

豬肉絲150g 豆乾8片 紅辣椒5～6支
青蔥2支 蒜頭3～4瓣

醃料

醬油1t 米酒1t
太白粉1t 蛋白少許

調味料

清水1T 鹽少許 白胡椒粉少許
醬油1T 糖1/2t

做法

1. 豬肉絲用醃料醃30分鐘入味；豆乾橫剖成兩半，再切成絲；青蔥切段；紅辣椒切斜片；蒜頭切片。（1）
2. 炒鍋中倒入2T油，放入醃好的豬肉絲，炒至變色撈起。（2、3）
3. 原鍋中，放入紅辣椒、蒜片及蔥白部位炒香。（4）
4. 再加入豆乾絲、清水、鹽及白胡椒粉拌炒2分鐘。（5）
5. 然後加入豬肉絲，翻炒1～2分鐘混合均勻。（6）
6. 最後加入醬油及糖，翻炒均勻。（7）
7. 起鍋前加入青蔥段，翻炒30秒即可。（8、9）

小叮嚀。。。

・不喜歡吃太辣的人，辣椒請斟酌減少或直接取消。

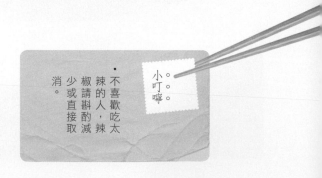

1

2

3

4

5

6

7

8

9

肉末酸豆角

胃口不好的時候，來一盤酸豆角準沒錯。雖然只是道平常小菜，但就是開胃解饞。

在市場看到酸豆角就忍不住買一把，回家可以炒一盤香噴噴的肉末酸豆，想到就吞口水。這是媽媽常做的小菜，是配飯最好的料理。便當角落放一小搓，會讓人猛扒飯。

這麼多年，我的味道都是跟著媽媽，孩提的記憶清晰又鮮明。這麼多年，我在筆記中寫下菜單，每一道食譜裡都有獨特的密碼。

一年又將要過去，光陰在手心中留不住。還好有這麼多美味記憶讓我永遠珍藏。

認識食材

酸豆角

酸豆角為豇豆醃漬加工而成，豇豆又稱為豆角，為豆科一年生植物，莢果為直線形，下垂，長度可達40公分。長豇豆一般做為蔬菜食用，既可熱炒，又可汆燙後涼拌。將豇豆浸泡在加了鹽及花椒的滷水中醃漬一段時間，成品就是酸豆角。將酸豆角搭配肉末或直接清炒，就是味道特殊且下飯的風味菜。

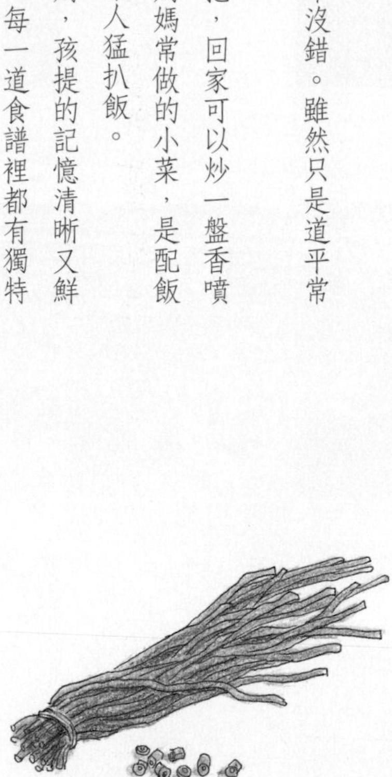

份量
約5～6人份

材料

豬絞肉100g 酸豆角400g
蒜頭2～3瓣 紅辣椒1支

調味料

米酒1t 醬油1/2t
糖1/2t

做法

1. 酸豆洗乾淨切約0.5公分丁狀；蒜頭及紅辣椒切片。（1）
2. 鍋中倒入1T油，油溫熱後，放入蒜片及紅辣椒炒香。（2）
3. 放入豬絞肉炒散至變色。（3）
4. 加入米酒及醬油翻炒均勻。（4）
5. 再放入酸豆丁，翻炒2～3分鐘。（5）
6. 最後加入糖混合均勻，再炒1分鐘即可。（6、7）
7. 可以放冰箱隨時想吃隨時拿（吃涼的也很好吃不需要再加熱）。

1 2 3 4

5 6 7

魚香油豆腐

住的社區小，幾位送信的郵差幾乎都熟識，有掛號信或包裹他們很少按電鈴，都是用中氣十足的聲音喊著某某人的名字。每一回聽到熟悉的機車聲，都會豎起耳朵專心傾聽，從他們手中接到信件總會都特別開心。

接連收到小昭及Karina寄來的明信片，為平淡的生活增加了很多溫暖。這些年網路發達，能夠收到手寫信件的機會越來越少，大部分的人用手機簡訊或臉書社群來聯絡感情。不過冷冰冰的螢幕還是比不上手寫的溫馨，一字一句包含了濃濃的想念。信件有著神奇的魔力，可以將情感及心情傳遞到遠方。偶爾我們也需要關上電腦，讓生活從虛擬的螢幕回到正常，打打電話，寫寫信讓我們找回最單純的那份感動，讓祝福隨著天涯海角飛到朋友的身邊。

用調理魚的調味及材料來烹煮的料理，即使沒有魚也有吃魚的感覺，這是屬於比較重口味的調理方法。有了蔥薑蒜的加持，簡單的材料有了不同的口味變化。

認識食材

油豆腐

油豆腐是將豆腐直接油炸到金黃，使其表皮產生一層較硬的膜，外皮有韌性而裡面柔軟。油豆腐蛋白質含量豐富，因為炸過形成一層硬皮，所以炒製的時候不容易破裂，可以維持外觀完整。選購的時候要選擇顏色淺一些，炸油比較乾淨，搭配肉類或蔬菜炒製或燉煮都適合。

小叮嚀。。。

- 不吃辣請將辣豆瓣醬改為不辣的即可。
- 油豆腐可以用凍豆腐或嫩豆腐、板豆腐代替。

份量
約4人份

材料

油豆腐250g 豬絞肉50g
青蔥1支 薑2片 蒜頭2瓣

調味料

A. 醬油1/2t 米酒1/2t 太白粉1/2t
B. 醬油1.5T 米酒1T 烏醋1/2T 辣豆瓣醬1/2T 水1T
C. 太白粉水1t（太白粉1t＋冷水1t混合均勻）

做法

1. 豬絞肉加上調味料A混合均勻。（1）
2. 油豆腐切約1公分厚片狀；青蔥切成花；薑及蒜頭切末。（2）
3. 炒鍋中倒1T油，油溫熱，倒入絞肉，用鍋鏟將絞肉炒散至變色。（3）
4. 接著將薑末、蒜末及蔥花倒入翻炒均勻。（4）
5. 依序將所有調味料B加入，小火煮沸。（5、6）
6. 油豆腐倒入混合均勻，稍微燜煮2～3分鐘，使豆腐入味。（7）
7. 最後用太白粉水加入勾薄芡即可。（8）

1 2 3 4

5 6 7 8

回鍋肉

溼冷了一個星期，太陽終於露臉。一早就忙著曬被子，把貓趕到玻璃屋曬太陽。看牠們滿足的翻肚皮，就知道牠們真的悶了很久。我也什麼事都不想做，只想發懶一天。

以前忙著工作時，有時候起床看到美麗的陽光，就會說服老公也請假一天，然後兩個人坐著捷運到淡水逛逛，這樣放鬆心情的休假就是持續我們忙碌工作的強心劑。

我們一直為了家努力了很久，沒有太多奢侈的花費，幾乎每一筆錢都做了適當的安排。現在回頭想想那些忙碌的生活，其實還是很甜蜜。只要兩人同心，沒有什麼事不能完成。

人生的每一站都有幸福。

這是老公愛吃的一道下飯菜，豆瓣醬香味四溢，令人食指大動。回鍋肉單看字面上的意思就知道是要將肉再次烹調過，選擇稍微帶點油花部位的肉口感比較滑嫩。炒製的時候，先將肉炒出油脂，然後再炒蔬菜，利用肉的油脂讓蔬菜味道更好。有肉有菜的料理我最喜歡，一盤就抵兩盤菜，加上調味濃郁，可以多扒幾口飯。

認識食材

青蒜

青蒜又稱「蒜苗」，就是大蒜的莖葉，辛辣味比大蒜輕，能增加菜餚的香味，也有去腥的效果，所以常加在料理中，凸顯海鮮和肉類的鮮味。選購蒜苗時，以鮮翠亮麗、蒜葉柔嫩、蒜莖基部無膨大的蒜苗為佳；如果根部變紅，表示太老或放太久。購買後應盡快食用，保存時以保鮮膜包好，放入冰箱冷藏室。

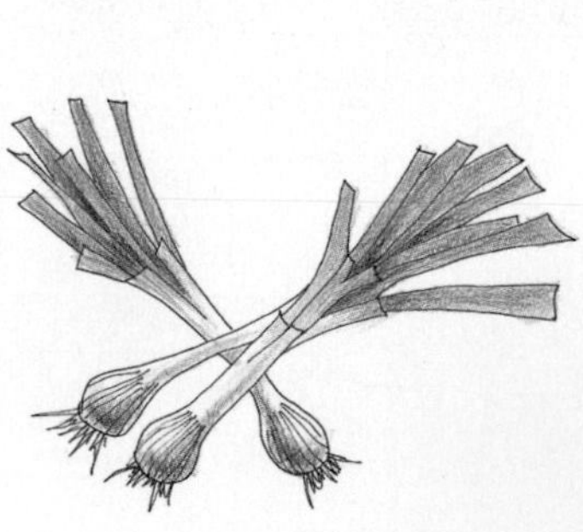

份量
約4～5人份

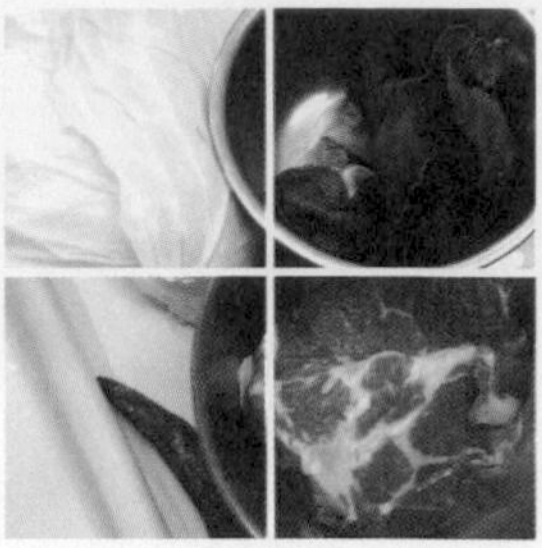

材料
梅花肉塊200g 高麗菜200g 黑木耳2朵
青蒜1/2支 紅辣椒1支

調味料
A. 薑2片 米酒1T
B. 甜麵醬2T 辣豆瓣醬1T 高湯1T 糖1t 鹽1/8t

做法

1. 煮一鍋水，放入薑片（水量必須能夠淹沒梅花肉塊）。（1）
2. 將梅花肉塊放入沸水中，加入米酒。（2）
3. 蓋上蓋子，煮約20分鐘至肉完全熟透。（3）
4. 將肉取出放涼，切成薄片。（4）
5. 高麗菜洗乾淨，用手撕成小塊；黑木耳切方塊；青蒜、紅辣椒切斜段。（5）
6. 炒鍋中倒入1T油，將豬肉片放入炒香，以中火翻炒2～3分鐘後撈起。（6、7）
7. 原鍋中將紅辣椒及黑木耳片放入炒香。（8）
8. 再加入高麗菜及1T高湯，翻炒至高麗菜軟。（9）
9. 加入所有調味料B混合均勻。（10）
10. 最後放入炒好的肉片及青蒜，再翻炒1～2分鐘即可。（11～13）

小叮嚀。。。

- 梅花肉塊可以使用帶皮五花肉。
- 煮完肉的湯就是高湯，可以再加一些丸子或蔬菜即為一道湯品。
- 不吃辣的話，請將紅辣椒直接取消，辣豆瓣醬使用不辣豆瓣醬代替。

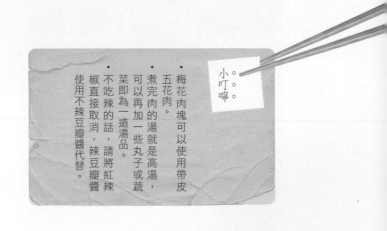

1

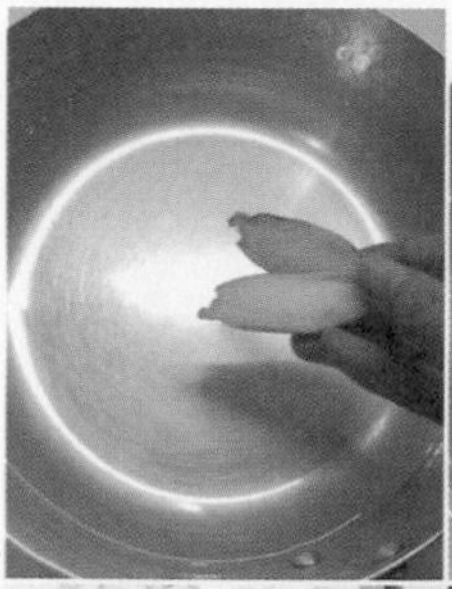

2

3

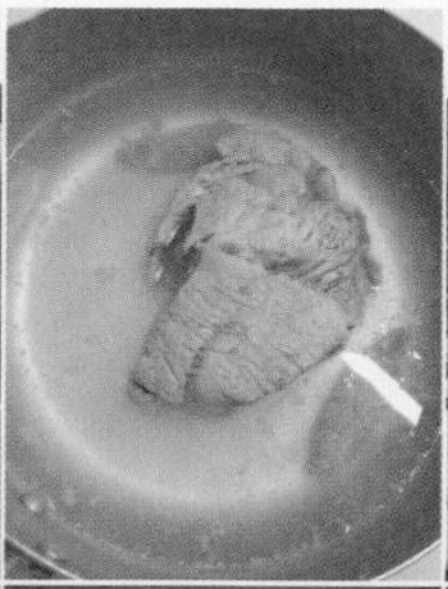

4

5

6

7

8

9

10

11

12

13

煎炒

塔香茄子

去自助餐店時很喜歡點茄子料理，顏色紫的漂亮，但吃完盤底總有一層厚厚的油，實在讓人好心虛，感覺又吃下了一堆脂肪。大多數的茄子料理都需要過油處理，經過高溫油炸才能夠保持顏色亮麗，但實在不符合健康，而用油量也不適合小家庭。

我身邊很多朋友不愛吃茄子，大多數的理由是茄子燒的軟軟的吃起來很可怕，但是我覺得茄子好吃就是要燒的軟爛才入味。茄子外皮美麗的紫色富含花青素，別小看了這水溶性植物色素，它的抗氧化及清除自由基的能力為維他命E的五十倍。

自己在家做卻不想準備油鍋炸，試試老公教我的方法，少油也能夠做出美麗的炒茄子。加少許水燜煮三分鐘，茄子燜軟了又可以保持鮮豔的紫色。

認識食材

九層塔

九層塔是一種矮小、幼嫩的脣形科香草植物，大多數普通種類是一年生植物，少部分是多年生植物。因其開花時，花序重重疊疊如塔狀的外觀，故稱九層塔。因為香氣特殊，使用在食物烹調中增加食欲。加熱過久顏色會變黑，香氣也容易消失，所以都是在起鍋前加入較為適宜。

份量
約3～4人份

材料
茄子2條（約250g） 蒜頭2～3瓣
紅辣椒1支 九層塔1把

調味料
醬油1.5T 糖1/2T
鹽1/4t 清水3T

做法

1. 蒜頭切片；紅辣椒切斜段；九層塔洗乾淨，瀝乾水分；茄子洗乾淨，去除蒂頭，炒之前切成約2公分段狀（蒂頭處有細刺，請小心）。（1）
2. 炒鍋中倒入2.5T油，放入蒜頭及紅辣椒，翻炒2分鐘炒香。
3. 倒入切段的茄子，用鍋鏟快速將茄子與鍋中的油混合均勻。（2、3）
4. 加入3T清水混合均勻。（4）
5. 蓋上鍋蓋，以中火燜煮3分鐘。（5）
6. 時間到打開鍋蓋，加入所有調味料翻炒均勻。（6）
7. 最後放入九層塔混合均勻即可。（7）

小叮嚀。。。
- 茄子不要太早切，以免氧化變黑。
- 中間燜煮3分鐘請計時，時間太久，茄子就無法保持漂亮的顏色。

1 2 3

4 5 6 7

照燒豬肉片

手邊瑣碎的事情告一段落，昨天終於有時間跟老公出門走走。我們找了一家小店吃涮涮鍋，小火鍋可以吃到很多種類的蔬菜，這是鮮少外食的我最常的選擇。店裡人不多，我們可以輕鬆的聊天，看著對方就有種平靜的心情。

這一次能夠到馬來西亞參加吉隆坡的書展，特別要謝謝老公能夠放下自己的事陪我一塊去。有他在我身邊打點，幫忙拍照，我才能心無旁騖順利完成活動。

個性大而化之的我，脾氣來的急也去的快。有時候專注在自己喜歡的事情上，就容易忽略掉很多小細節。老公看似粗線條，但其實心思細膩，這樣的我們剛好互補。兩個人相處的時間已經超過人生的一半，希望彼此的手可以牽到老，這就是我要的幸福。

帶點甜的照燒醬是Leo無法抗拒的口味，灑上香香的芝麻加持，是餐桌上的秒殺料理。

認識食材

白芝麻

白芝麻為胡麻科植物芝麻的種子，潤滑腸胃，含有豐富的維生素E，保護細胞不受氧化。種子含油高可榨製成香油（麻油），芝麻經過炒製磨碎即成芝麻醬，供食用或製作糕點。種子去皮稱麻仁，烹飪上多做為輔料搭配。

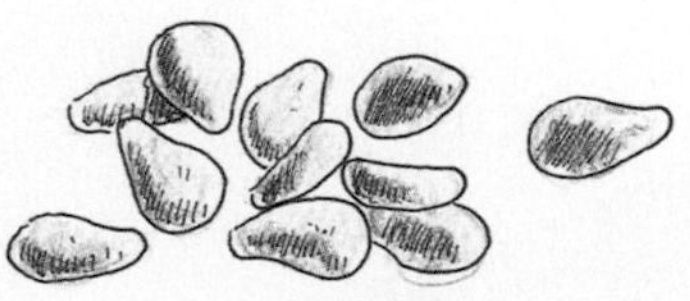

小叮嚀。。。

‧梅花豬肉片可以選擇火鍋肉片，厚度不要太厚比較適合。

‧味醂為日式調味料，可去腥，一般超市都可以購買，沒有時可使用米酒加少許糖來代替。

份量
約4人份

材料
梅花豬肉片300g 蒜頭3～4瓣
太白粉1/2T 熟白芝麻1T

調味料
味醂1T 糖1T 醬油2T
白胡椒粉1/4t 清水60cc

做法

1. 梅花豬肉片切成約4～5公分大小；蒜頭切末。
2. 豬肉片拌上太白粉混合均勻。（1、2）
3. 鍋中熱2T油，油熱後，放入豬肉片，用鍋鏟炒散至變色。（3、4）
4. 加入蒜末混合均勻。（5）
5. 再依序加入所有調味料混合均勻，蓋上蓋子，以小火熬煮至湯汁收乾至剩下1/4。（6）
6. 最後加入熟白芝麻拌炒均勻即可。（7、8）
7. 吃的時候，可以用生菜葉包裹著吃。

1 2 3 4

5 6 7 8

煎炒

香橙雞丁

一早起來就忙，快中午時，才想起要到市場採買一些蔬菜。匆匆忙忙出門，已經是收攤時候。非假日的傳統市場人不多，只見攤商已經開始打包整理。隨手拿了幾把青菜，足夠兩、三天吃的份量，老闆阿沙力算我一把只要十元。

每個人認真的在自己的崗位上各司其職，生活就是這些日常瑣碎的事組成。而我的工作就是照顧好家，調理出可口的料理，為辛苦晚歸的家人準備一桌溫暖。生活中不需要停下腳步，只要將腳步放慢，就可以體會人生慢活的美好。

水果入菜大家一定不陌生，鳳梨蝦球、咕咾肉、香瓜盅、芒果沙拉等都是常常可見的水果菜色，新鮮水果的酸甜不但可以中和肉類的油膩，也喚醒食欲，讓味蕾充滿驚喜。

新鮮的柳橙正上市，加入維生素C豐富的奇異果及橙汁酸酸甜甜，是一道屬於夏天的料理！

認識食材

柳橙

柳橙是一種柑橘類的水果，是芸香科柑橘屬植物橙樹的果實，亦稱為柳丁或甜橙。是柚子與橘子的混合品種，甜度高，酸度較低，風味佳。因其芳香柑橘味道，適合做甜點或搭配料理，含有豐富的纖維及大量的維他命C，多多食用對健康有幫助。

份量
約4～5人份

材料
雞胸肉2塊（約300g） 新鮮柳橙3～4個
奇異果1個 蒜頭1～2瓣 薑2片

醃料
醬油1T 米酒1T 蛋黃1個
太白粉1T 白胡椒粉1/4t

沾粉
太白粉4～5T

橙汁醬
柳橙汁200cc 冰糖20g
太白粉水（太白粉1T＋水1/2T）（糖量可以依照柳橙甜度調整）

做法

1. 奇異果切小塊；蒜頭切末；薑切末。（1）
2. 雞胸肉切成約2公分塊狀，用醃料醃漬30分鐘入味。（2、3）
3. 新鮮柳橙刷洗乾淨，其中一顆磨出表面皮屑（只需要表皮層，不要磨到白色部分）。
4. 將柳橙榨出果汁，取200cc。（4、5）
5. 醃好的雞肉塊均勻沾上一層太白粉。（6、7）
6. 鍋中倒約300cc油，油溫熱後，放入雞塊，以中火炸至金黃色，撈起放涼（油不用太多，只要不停翻動用半煎半炸的方式就可以）。（8）
7. 吃之前，再將鍋中的油燒熱，將炸好的肉塊再半煎半炸一次（這樣成品才會更酥脆）。
8. 炸好的肉塊撈起，放在鐵網架上瀝油。（9）
9. 鍋中留約1T油，其餘油連渣滓倒出。將蒜末及薑末放入炒香。（10）
10. 加入柳橙汁、柳橙皮屑及糖，熬煮2～3分鐘。（11、12）
11. 加入太白粉水勾芡，邊加邊攪拌均勻。（13、14）
12. 最後，加入炸好的雞肉塊及奇異果，快速拌炒均勻即可。（15、16）

小叮嚀。。。

・雞胸肉也可以使用去骨雞腿肉代替。

・奇異果也可以使用自己喜歡的水果代替。

・新鮮柳橙也可以使用市售柳橙果汁代替。

1

2

3

4

5

6

7

8

9

10

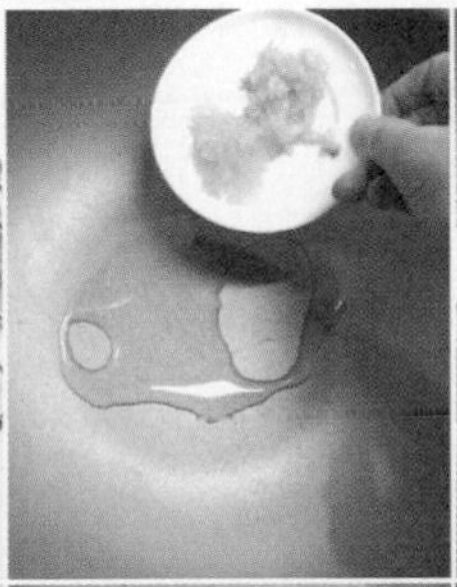

11

12

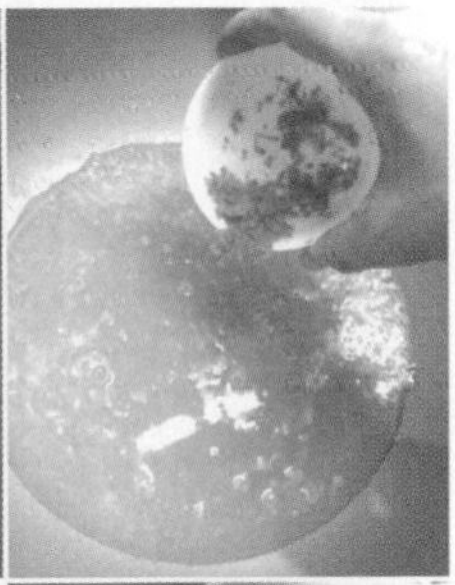

13

14

15

16

煎炒

香蔥蝦米絲瓜

暑假一下子就接近尾聲，原本計畫了一些活動也因為Leo的暑期輔導而取消。孩子越大，我們一塊出遊的機會也越少。現在的他時間排的滿滿，功課壓力壓的他喘不過氣，每天早起晚睡也挺讓人心疼。

他的身高漸漸拉長，說話聲音越來越低沉，體格越來越壯碩，背影越來越寬闊。有時候看著Leo的側臉，都讓我一陣訝異，這真的是那個在媽媽身邊轉來轉去連話都還不會說的小傢伙嗎？日子是否過的太快了一些？

小時候希望他快快長大，現在卻希望時間過慢一點，媽媽的心情真是矛盾呢！

台灣夏天常常出現的蔬菜就有絲瓜，水分多又清甜，是餐桌上少不了的一道瓜類蔬菜。絲瓜買回家要早點吃，不然放太久容易變老。好朋友旺旺自家種的新鮮絲瓜加上Jeffery家香噴噴傳統的油蔥酥，簡單調味就擄獲家人的心。

認識食材

蝦米

蝦米是小蝦經過乾燥處理過後的產品，烹調時常用來增加食材的鮮味與香氣，一般在乾貨店可購得。用剩的蝦米務必用塑膠袋或密封罐封好，放在冰箱冷藏室貯存，否則味道容易變質。

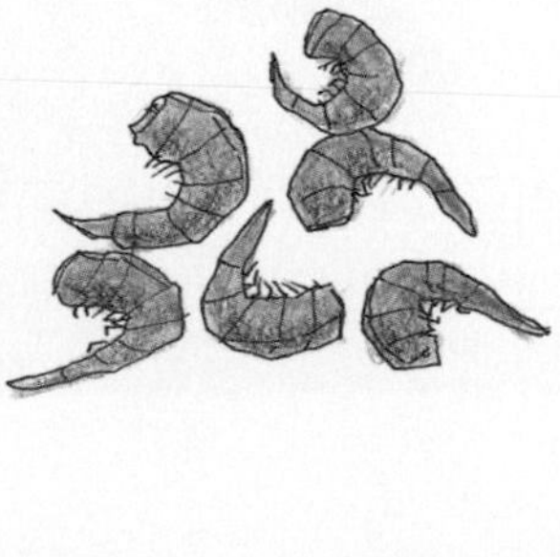

份量

約4～5人份

材料	絲瓜1條（約650g） 油蔥酥1T 蝦米1T 雞蛋1個 蒜頭1～2瓣 水2T
調味料	鹽1/2t 白胡椒粉1/8t

做法

1. 絲瓜去皮對切，再切成約1公分厚片狀。蝦米沖一下水；蒜頭切片；雞蛋打散。（1）
2. 炒鍋中倒入1T油，放入蒜頭片及蝦米炒香。（2）
3. 接著放入絲瓜翻炒均勻。（3）
4. 依序加入油蔥酥、水及調味料混合均勻。（4）
5. 蓋上蓋子，以小火燜煮約7～8分鐘至絲瓜軟化。（5）
6. 最後將蛋液直接淋在絲瓜上，稍微煮至蛋液熟後再翻炒均勻即可。（6、7）

1

2

3

4

5

6

7

客家小炒

婆婆家附近有一家小店，不起眼的小店，客家菜做的極好。有時候回去婆婆家都會忍不住去小店中吃碗道地的客家湯粄條，再點兩道現炒的菜就十分豐盛。這麼多年，小店沒有什麼改變，最近已經改由第二代接手。每次去幾乎都是點「客家小炒」跟「薑絲大腸」，對這兩道菜有了濃濃感情。

好吃的料理不在於店面的大小及裝潢豪華，而在於料理的人是否真心投入，是否將客人當做自己的家人一般對待。我喜歡去的店往往不是特別有名，我更注意的是店家的服務及衛生。有些店生意太好，忽略了基本禮貌，也只能做我一次生意。

客家菜的特色是味道濃郁，油重醬色深，佐料常常出現醃漬類的食品或是乾貨，所以創造了獨特的飲食文化。這道經典的客家菜色，是勤儉務實的客家先民利用拜拜需要的牲禮所創造出來的，既下飯又下酒，天氣熱，食欲不好，來一盤鹹香鮮的客家小炒胃口開！

認識食材

五花肉

五花肉又稱為三層肉，是豬肋排上的肉，腹部部位脂肪很多，夾帶著瘦肉，肥瘦交替相間具有明顯層次。因為含有多量的油脂，瘦肉質地滑嫩，肉的風味特別好。很多料理需要肥美的五花肉油脂來增添香濃滋味，切塊滷煮或是汆燙切薄片快炒都很適合。

份量
約4～5人份

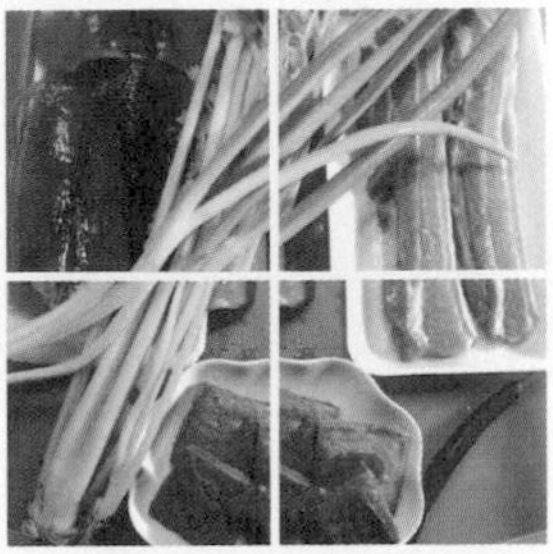

材料	五花肉條150g 發泡魷魚1/3隻 芹菜1把 豆乾4片 青蔥3～4支 紅辣椒1支
調味料	醬油2T 米酒1T 鹽適量（調味份量為參考，請依個人口味增減）

做法

1. 五花肉條汆燙至熟，切成細條。（1）
2. 發泡魷魚、芹菜與豆乾切細條；青蔥切段；紅辣椒切片。（2）
3. 鍋中入2T油，放入五花肉條爆香，將五花肉炒成微微金黃。（3）
4. 依序將發泡魷魚、紅辣椒、豆乾、芹菜與青蔥放入拌炒。（4～6）
5. 最後加入適量的調味料混合均勻即可。（7）

1
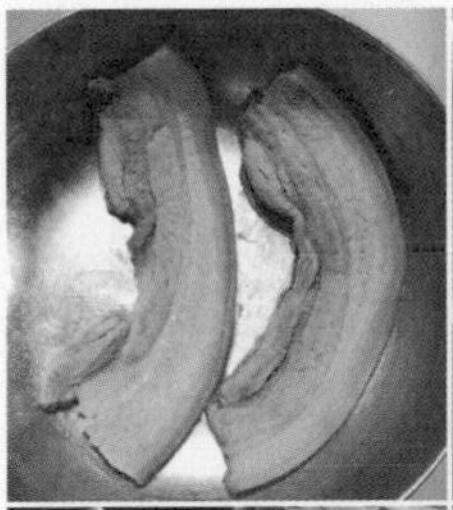
2

3

4

5

6

7

宮保雞丁

跟老公偷個閒，兩個人到IKEA吃早餐順便逛逛。在賣場展示間看著一間一間工作人員擺設的樣品屋總讓我有一股幸福的感覺。最喜歡看廚房系列，各式各樣的餐桌是整個家的中心，精緻優雅的擺放都讓我目不轉睛。

廚房在我們家也是一個很重要的空間，多年前整修房子的時候，老公就把原本小間的廚房加大成為一個開放的空間。廚房不再只是躲在角落，而是成為客廳中的一部分。我在廚房忙的時候不再是孤單一人，可以看到客廳的一舉一動，跟家人及貓咪都有互動。

打通了廚房與客廳的那道牆，料理的心情更開闊了！

Leo要帶便當，我好像上緊了發條，一整天滿腦子都是想著要準備什麼樣的便當菜。他從小跟著我就習慣吃辣，辣的頭皮發麻也面不改色，難怪孩子會跟媽媽的口味最接近。

宮保雞丁炒一盤，飯肯定要多煮一杯。

認識食材

乾辣椒

乾辣椒是新鮮紅辣椒利用太陽直接曝曬或是煙燻乾燥製成，因為水分含量非常低，適合長時間儲藏保存。主要用途做為烹調的佐料使用，是著名川菜「宮保雞丁」中重要的一味。

份量

約4人份

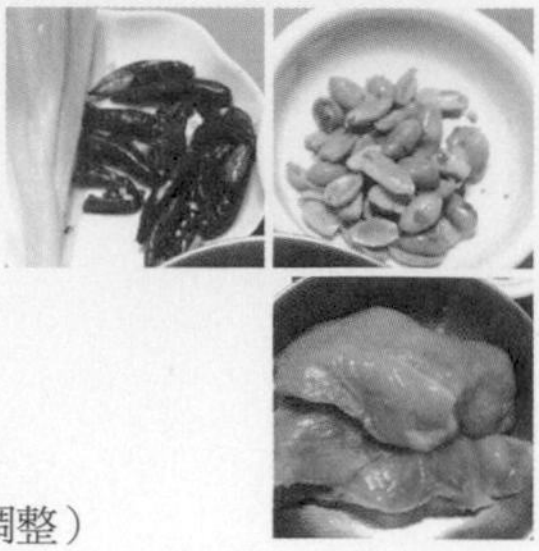

材料

雞胸肉2塊（約400g） 乾辣椒1小把 青蔥1支
炸熟花生米適量

醃料

醬油1T 米酒1T
太白粉1/2T 蛋白1/2個

調味料

醬油2T 米酒2T 糖1T 水2T
太白粉1t＋清水1t（調味份量為參考，甜鹹度請依個人口味調整）

做法

1. 雞胸肉用刀背拍鬆，切成2公分丁狀，用醃料醃漬30分鐘。（1）
2. 乾辣椒及青蔥切段。
3. 鍋中放3T油，先放入乾辣椒及青蔥段爆香。（2）
4. 然後放入醃好的雞肉丁，炒至雞肉變白色就將倒入調味料，翻炒至雞胸肉全熟。（3、4）
5. 加入適量的太白粉水勾芡。（5）
6. 最後加入花生米混合均匀即可。（6、7）

小叮嚀。。。

・這道料理適合帶便當。

1

2

3

4

5

6

7

Part
2

燉煮蒸料理

緩。蒸。久。煮。細。衡。量。

豆豉蒸虱目魚

虱目魚在台灣又稱為國聖魚，據說由鄭成功時代開始飼養，至今已經有三百多年的歷史，也是台灣養殖規模最大的重要漁業，是最有台灣味道的國產養殖魚。

虱目魚有著銀白色筆直的身軀，雖然刺多但是肉質鮮美，新鮮的虱目魚不需要過多的調料就可以吃到甘甜。不過吃虱目魚要特別小心倒叉的魚刺，擔心刺多的人可以選擇魚肚部位，刺比較少而且油脂豐腴。

豆豉是中式料理中很重要的一項調味品，最早在漢朝時代就有記載了。製作豆豉的過程單從文字敘述上就感覺到非常麻煩，但是這黑黑不起眼的材料卻可以賦與料理特有的風味。我喜歡乾豆豉，冰箱隨時都準備著一包，不論蒸煮炒都適合。加了豆豉就不需要再多放其他調味，鹹甘香的滋味恰到好處。將這兩樣鮮香材料搭配在一塊，何止一個鮮字能夠形容！

認識食材

虱目魚

虱目魚又稱為安平魚、國姓魚，溫水性魚類，是台灣南部沿海一帶的重要魚獲物，分佈在亞熱帶或熱帶的海域。因其不耐寒，所以魚塭水溫過低會造成大量死亡。

虱目魚味道非常鮮美，魚肉緊實但刺多，魚皮富含膠質與維生素，營養價值高。新鮮的虱目魚無論清蒸、煎烤、煮湯、燉粥都非常美味。

份量
約4人份

材料
虱目魚肚2～3片（約500g） 豆豉1T
薑2～3片 青蔥1～2支 紅辣椒1支

調味料
米酒2T 鹽1/4t

做法

1. 薑片及青蔥切成細絲；紅辣椒切段。
2. 虱目魚肚二面均勻抹上鹽，淋上米酒。（1～3）
3. 將薑絲、紅辣椒段及2/3份量青蔥均勻鋪放好，最後將豆豉平均灑上。（4、5）
4. 放上蒸鍋，用大火蒸12～15分鐘。
5. 起鍋時放上剩下的蔥絲，並淋上一些香油即可。（6）

1 2 3

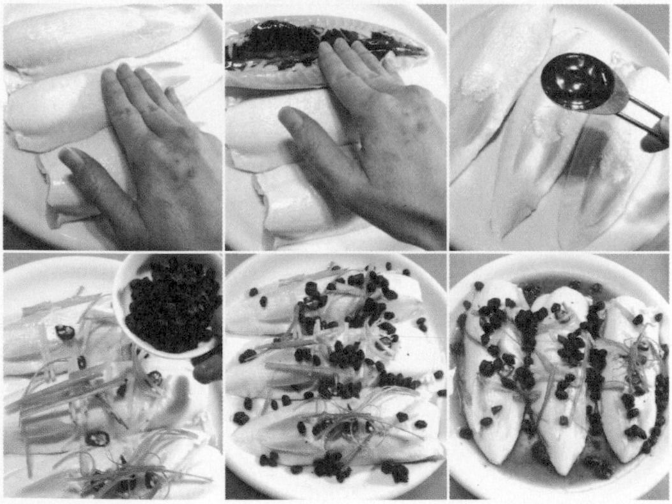

4 5 6

花。雕。雞。

父親喜歡小酌，我從小也喜歡在餐桌上跟著淺嘗兩口，好酒配上好菜相得益彰。儲藏室有著他收藏的金門大麴與高粱，看著這一罐罐歲月悠久的瓶身，酒不醉人人自醉。我記得外公還在的時候，也喜歡來上一杯小酒，我們爺孫倆會一塊乾杯，想起他老人家的笑容，彷彿還是昨天。

花雕酒是黃酒的一種，來由是中國紹興地區的習俗，在孩子出生時父母會將一罈黃酒埋在家中地窖，等到孩子長大嫁娶時開封做為招待賓客的酒品。因為在酒身及封泥處均繪製了花紋彩飾，故稱為「花雕酒」。黃酒的味道柔和，酒色呈琥珀狀，香氣馥郁芬芳，味道甘醇溫厚。除了直接飲用，也可以做為烹調的調味品，成就了非常多紹興名菜。好酒入菜更能將料理發揮到極致，花雕香氣十足，雞肉鮮嫩。在這秋涼的晚風中，搭配我的私房料理，溫一盅好酒慢慢品嘗。

認識食材

雞腿

雞肉的肉質甘甜，風味清爽，最為大眾接受。雞腿為全雞的大腿部位，此部位因較常活動，所以肉質滑嫩細緻，不會乾澀，適合紅燒、滷煮等菜色。

份量
約5～6人份

材料
雞腿肉900g 蒜頭8～10瓣 薑6～8片
青蔥3～4支 紅辣椒2支 水200cc

調味料
花雕酒3T 醬油3T
鹽1/2t 冰糖1T

做法

1. 雞腿肉剁成塊狀。
2. 青蔥切成5公分段狀；紅辣椒切片；蒜頭去皮。（1）
3. 炒鍋中倒入2大匙油，油溫熱將蒜頭、薑片及紅辣椒放入炒香。（2）
4. 再將雞腿肉加入翻炒4～5分鐘到變色。（3）
5. 加入2/3份量的蔥段翻炒均勻。（4）
6. 依序將所有調味料及水倒入混合均勻煮至沸騰。（5、6）
7. 蓋上蓋子，調整至小火熬煮約30分鐘至湯汁收乾至剩下1/4。（7）
8. 最後將剩下的蔥段加入再燜煮2～3分鐘即可起鍋。（8）

1 2 3 4

5 6 7 8

香菇鑲肉

吃到香菇鑲肉，好多回憶湧上心頭。

這是剛結婚時在電視節目上學做的料理，是我跟老公很喜歡的一道便當菜。當時的我們為著家庭努力打拼，雖然忙碌，但是回家做晚餐卻是生活中很重要的一件事。沒有錢的我們一直非常節約，沒有旅遊，沒有太多奢侈的享受。兩個人存下一點一滴，規畫著未來人生的藍圖。老公喜歡ＤＩＹ，一方面是興趣，一方面也省錢，所以家中很多家具或裝置都有他手工打造的痕跡。工作閒暇之餘，兩個人窩在廚房準備料理，再麻煩的瑣事也變的有趣，餐桌也飄著屬於家的味道。

二十五歲就進入婚姻生活的我，很多人都覺得太早，覺得怎麼不多享受一下單身生活。但是我卻很慶幸自己很順利就找到能夠攜手一生的另一半，希望今後的生活隨時都有對方的參與。結婚這麼久，我們沒有一天不感謝上天賜給我們的緣分，為愛的人努力生活就是我們最快樂的事。

認識食材

鮮香菇

香菇可分為新鮮香菇（生香菇）與乾香菇兩種。新鮮的香菇由於味道較淡，通常用在炒煮料理。至於乾香菇由於味道重，常用來做湯或調味配料，但使用前通常需用水泡開。乾香菇一般通常在南北貨和超市購買到整包裝。至於選購生香菇時，應選擇菇傘厚實，菇帽下垂，菇柄短最佳。保存時，應將新鮮的香菇放在密閉容器或PE袋內，放入冰箱的蔬果保鮮室冷藏，約可存放五天至一星期左右。

份量
約4～5人份

材料

新鮮香菇12朵　豬絞肉150g　蝦仁100g
紅蘿蔔30g 蛋黃1個 青蔥1支 薑2片

調味料

A. **肉餡**：米酒2t　醬油1/2T　鹽1/4t
白胡椒粉1/8t 麻油1/2T
B. **湯汁**：高湯（或水）2T 鹽1/4t
細砂糖1/8t 太白粉水1/2t

做法

1. 新鮮香菇洗淨，將菇柄切下剁碎。（1）
2. 絞肉再稍微剁細至有黏性產生；蝦仁剁細成泥狀。（2）
3. 紅蘿蔔磨成泥狀；青蔥切末；薑片切末。（3）
4. 將所有材料及肉餡調味料放入盆中，攪拌均勻即可。（4、5）
5. 香菇內側抹上些許太白粉（肉餡較容易沾黏住），底部切去一些才可以站立。（6、7）
6. 將調好的肉餡放進香菇中填滿，間隔整齊放在盤中。（8、9）
7. 蒸鍋燒至水滾，將完成的香菇鑲肉放入，以大火蒸12～15分鐘。（10、11）
8. 將蒸出來的湯汁倒入炒鍋中，並加入湯汁調味料煮沸，最後用太白粉水勾薄芡，淋在蒸好的香菇上。（12～14）
9. 上桌前，灑上些許蔥花即可。

1 2 3 4

5 6 7 8

9 10 11

12 13 14

燉煮蒸

紅燒鯖魚

逛傳統市場是一件非常有趣的事，也許晚上只是一條不起眼的小巷弄，白天卻是熱鬧無比的市集。平時在家忙碌著家事，沒有太多時間逛街，假日逛市場就是我的休閒活動之一。

在台北市常去的市場是通化街早市，雖然通化街離家遠一點，但是整條臨沂街涵蓋廣闊，兩側店鋪及分支的巷弄都是尋寶的範圍。星期一到星期天，每間店舖門口都有不同的攤位，隨時去都有驚喜。不過如果遇到喜歡的攤位可要好好記下時間，否則會撲個空。好比說好吃的全麥潤餅是星期六才有，日常用品五金的攤位得要星期一才遇的到。

周休二日的那兩天，必須準備好俐落的身手，因為人多到摩肩擦踵，慢手慢腳可就搶不到便宜。平時看婆婆媽媽們雍容華貴，但是在市場中完全化身運動高手，再小的縫隙都可以搶到位置，太在意形象可是會敗興而歸。市場中的小販及四周的家庭主婦也都是我做料理的老師，不熟悉的材料詢問一下都可以得到滿意的答覆。從沒有想過在廚房也可以體會到如此多的生活細節，我想將這樣的感動傳遞給所有人。

認識食材

鯖魚

鯖魚又名青花魚，俗稱花飛，出沒於西太平洋及大西洋的海岸附近。鯖魚肉質含大量DHA及不飽和脂肪酸，營養價值高，蒸、煎、煮、炸、烤 等烹調方式都適合。

份量
約3～4人份

材料
鯖魚3條（約450g） 青蔥2支
薑2～3片 紅辣椒1支 水150cc

調味料
醬油2T 米酒1 T
糖1 T 白胡椒粉1/4t

做法

1. 青蔥切段；紅辣椒切段。
2. 炒鍋中倒2T油，油熱後，放入薑片爆香。（1）
3. 放入鯖魚，以小火將鯖魚兩面煎至呈現金黃色。（2、3）
4. 加入青蔥及紅辣椒。（4）
5. 依序加入調味料及水混合均勻煮沸。（5、6）
6. 蓋上蓋子，轉小火，燜煮約15分鐘至湯汁收乾即可（中間翻面一次，以利味道均勻）。（7、8）

1 2 3 4

5 6 7 8

莧菜小魚

很多人視廚房為畏途，新手一開始會對材料或調味沒有太多概念，看到不熟悉的食材就感到挫折。我一直希望用簡單而且容易明瞭的方式跟新手分享廚房的樂趣，自己手作的料理絕對比餐廳飯店烹調的還來的有意義，材料也都是自己選擇完全透明。剛結婚時，對料理雖然有興趣，但是卻沒有太多的信心，抱著食譜努力研究，回家就請教媽媽或婆婆一些關於烹調的小撇步。到外面吃到好吃的餐點就趕緊記錄下來，在市場採買的時候，對於不了解的食材，問一下老闆或周圍的婆婆媽媽如何選擇烹煮，都能夠得到很多寶貴的資訊，久而久之慢慢就掌握住一些基本原則，在廚房就越來越得心應手。

莧菜是市場一年四季都常常看到的蔬菜，有紅色及綠色兩種。烹煮莧菜時的重點是必須加水多煮一段時間，不像一般蔬菜快炒幾下就起鍋。不然沒有煮到軟可是會無法吞嚥，添加一些吻仔魚，鮮甜可口。

認識食材

莧菜

莧菜有紅、青兩個品種，全年皆可生產的蔬菜，莖部纖維一般較粗，但是多煮一段時間可以改善。口感滑溜，高鐵且高鈣。是營養非常豐富的蔬菜，多與小魚一塊烹煮。

份量

約4人份

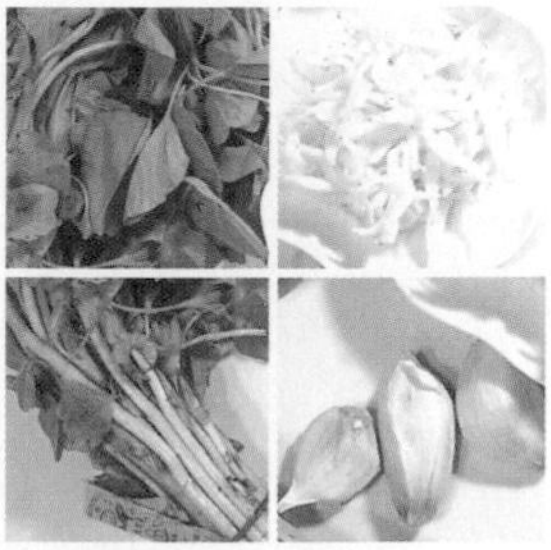

材料

莧菜350g 吻仔魚60g
蒜頭3～4瓣 水200cc

調味料

鹽1/3t 太白粉水（太白粉1.5t＋水1t）

做法

1. 莧菜清洗乾淨，切去根部，再切成約3～4公分段狀；吻仔魚用清水沖洗乾淨，瀝乾水分；蒜頭切片。（1）
2. 鍋中放1.5T油，油溫熱後將蒜片炒香。（2）
3. 倒入吻仔魚，翻炒2～3分鐘。（3）
4. 加入莧菜及鹽翻炒均勻。（4）
5. 再倒入水，蓋上蓋子，以小火燜煮7～8分鐘。（5、6）
6. 最後用太白粉水勾薄芡即可。（7、8）

1 2 3 4

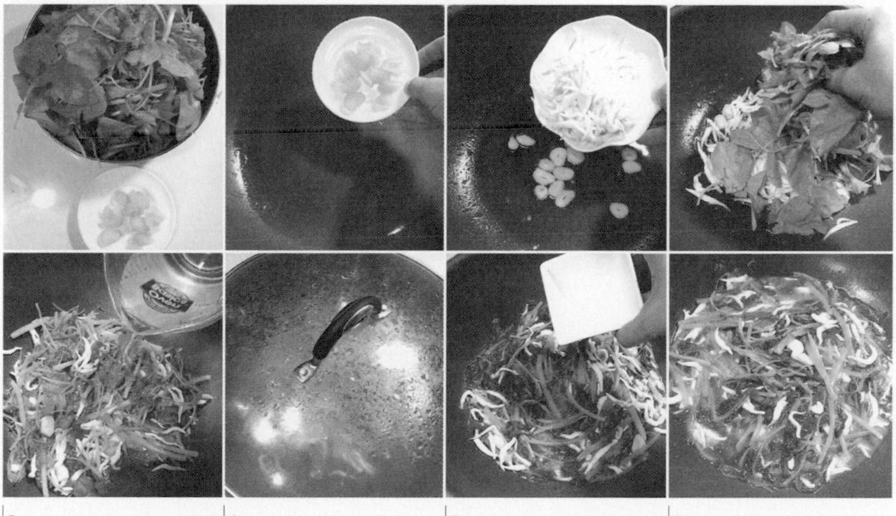

5 6 7 8

無錫排骨

一道好吃的料理，除了精準的調味及廚師的搭配巧思，選擇適當的材料也是一項很重要的步驟。光拿豬肉的部位來說，不同部位的肉就有不同的調理方式。例如前腿肉與梅花肉有網狀油脂均勻分佈就適合比較長時間的滷煮方式，肉的口感才不會煮到乾澀過柴。

里肌肉肉質細緻柔軟，適合炸豬排或煎製。最軟嫩的腰內肉因為脂肪少就不適合燉煮而適合炸製。瘦肉與肥肉交替的五花肉油脂豐富，可以汆燙白切快炒。而後腿肉脂肪少就適合切成火鍋片或肉絲快炒。至於帶骨的部位，又分為小排、腩排以及軟骨排三種。靠近骨邊的肉特別軟，骨頭中特別多骨髓精華，是燉湯的首選。只要選對部位掌握材料特點，在廚房做起料理更得心應手且事半功倍。

雖然同樣是甜中帶鹹的料理，但是無錫排骨的甜卻跟糖醋排骨完全不同。糖醋排骨加了番茄醬適合小朋友，而無錫排骨卻是適合大人口味的一道濃香好菜。要製作這道料理最好選擇肋排骨，充分醃漬後再炸香，然後燜煮入味。冰糖與所有材料化成深奧濃郁的滋味，排骨透著紹興酒的芬芳，色澤也燉煮的晶瑩剔透。

認識食材

冰糖

冰糖外觀晶瑩剔透，為食用糖類的一種。由砂糖提煉，萃取其單糖自然結晶的再製品。每2～3公斤的特級砂糖只能提煉出1公斤的冰糖。中醫認為冰糖具有潤肺止咳及化痰退火的作用。甜度適中，可以當做糖果直接食用，入菜調味增加成品色澤及味道。

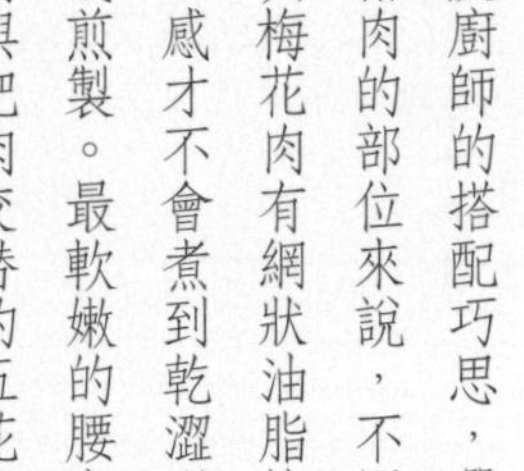

份量

約4～5人份

材料

豬肋排600g 青蔥1支 薑3～4片
八角2～3粒 炸油300cc

醃料

醬油1T 紹興酒1T

調味料

醬油3T 紹興酒2T 鹽1/4t 冰糖80g 麻油1T
水250cc 烏醋1T 太白粉1/2T＋水1/2T

做法

1. 將豬肋排加上醃料混合均勻，醃漬1個小時入味。（1～3）
2. 鍋中倒入植物油，油熱後，放入排骨。（4）
3. 以中小火將排骨炸到表面金黃色撈起。（5、6）
4. 青蔥切段，鍋中保留1T油，將多餘的炸油倒出。
5. 油熱後，放入青蔥段及薑片炒香。（7）
6. 接著放入炸好的排骨翻炒均勻。（8）
7. 再依序加入所有的調味料（除了烏醋）及八角煮至沸騰。（9～12）
8. 蓋上蓋子，以小火燜煮到湯汁收乾。（13）
9. 最後加入烏醋混合均勻，再用太白粉水勾薄芡即可。（14、15）

1

2

3

4

5

6

7

8

9

10

11

12

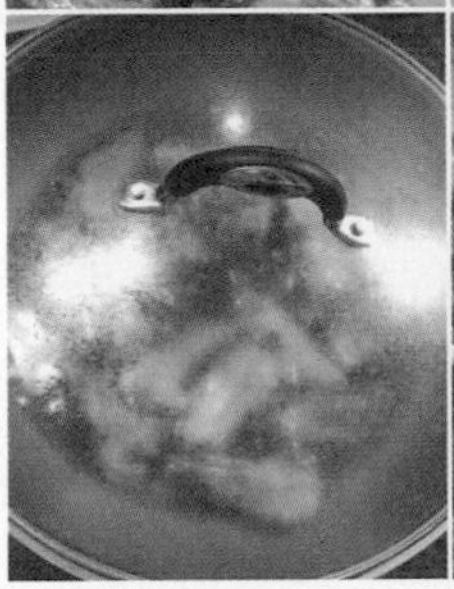

13

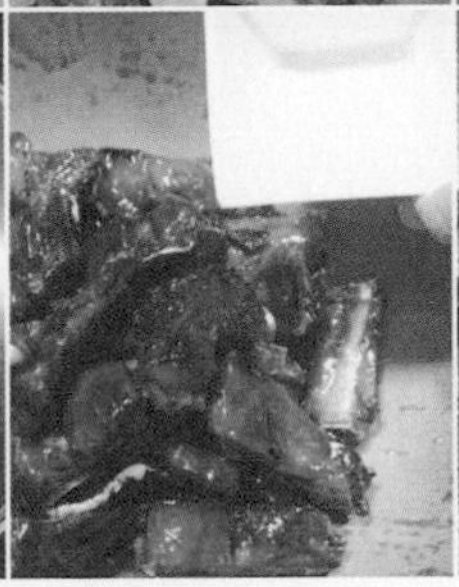

14

15

鮮味獅子頭

年節餐桌上一定少不了做一些獅子頭，一方面可以事先準備再加熱非常方便，一方面飽滿的肉丸子也象徵一家圓滿討個吉利。記憶中奶奶做的「一品鍋」，碩大的肉丸子就是鍋中的主角，搭配山珍海味令我無限懷念。

傳統的獅子頭肥瘦比約四比六，油脂豐腴燉煮的入口即化，好吃但是熱量偏高。將油脂部分改為豆腐，口感不變但是增加了健康概念。獅子頭何以稱為「獅子頭」？相傳是隋煬帝南巡時，對當地的萬松山、金錢墩、象牙林及葵花崗四處的景觀非常喜愛，十分留戀，所以回到宮中特別要求御廚以上述這四處景點為名來製作四道菜餚，其中葵花斬肉是以肉丸捏製成飽滿的葵花心形狀。隋煬帝品嘗後極為讚賞，一時間淮陽佳餚傳遍朝野。到了唐代，郇國公宴請賓客，看見家廚做了這道葵花斬肉，肉丸子造形氣勢好像雄偉的獅頭，故將其改名為獅子頭，從此揚州就添了這道名菜。

我喜歡吃絞肉菜餚，肉餡在手心中拍打出一顆顆飽滿的丸子，過年的時候總要燉上一鍋，越煮越好味。建議使用砂鍋更能夠做的道地，干貝及蜆仔也在這道料理中將鮮甜的調味發揮到了極致，大白菜軟爛吸收了整鍋湯汁精華，放再多也不夠吃。

認識食材

蜆仔

蜆仔為軟體動物貝類的一種， 大多棲息於河川、湖泊或水田等淡水性砂泥質底的環境中，明代《本草綱目》記載蜆有養肝的效果。外殼為卵圓形，色澤呈黃褐色或綠褐色，含有氨基酸和牛磺酸等多種成分，熱量低且高蛋白。

份量
約8～10人份

材料
絞肉750g 板豆腐200g 青蔥2支 薑2～3片
乾燥干貝20g 大白菜600g 蜆仔600g

調味料
A. **肉餡**：鹽1t 白胡椒粉1/4t 米酒3T
醬油3T 麻油3T 蔥薑水50cc
B. **湯汁**：醬油1T 糖1/2t 米酒1T 鹽1t

做法

1. 青蔥洗淨切段，與薑放入杯子中，加入50cc的水，用力搓揉，做成蔥薑水。（1、2）
2. 蜆仔在加入些許鹽的清水中，靜置4～5小時吐砂。接著燒開500cc的水，放入吐完砂的蜆仔，煮至殼打開就關火。（3、4）
3. 稍微放涼後，將蜆仔肉剝出，湯汁濾出備用。（5）
4. 板豆腐用叉子壓碎；大白菜洗乾淨，用手撕成小塊。（6）
5. 絞肉再稍微剁細至有黏性產生。（7）
6. 將絞肉、豆腐及肉餡調味料放入盆中，混合均勻即可。（8～10）
7. 完成的肉餡取適當份量在手中整成圓形。（11）
8. 炒鍋中放入約1T的油，油熱後放入肉丸，以小火煎至兩面呈現金黃色。（12、13）
9. 煎完肉丸的鍋子，放入大白菜炒軟。（14、15）
10. 將炒軟的白菜移入砂鍋中。
11. 依序放上乾燥干貝、煎好的肉丸、蜆仔肉及蜆仔湯汁。（16～19）
12. 再加入湯汁調味料煮至沸騰。（20）
13. 蓋上蓋子轉為小火，燉煮1.5小時至肉軟爛即可。（21、22）

1
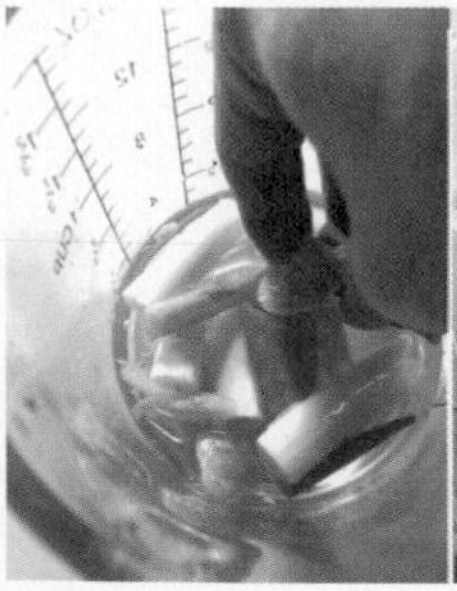

2

3

4

5

6

7

8

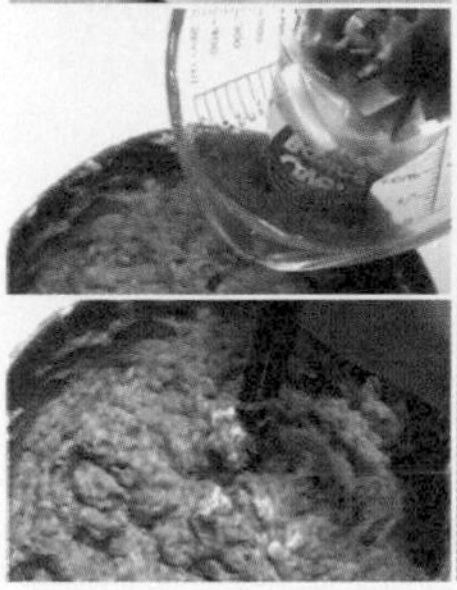
9,10

11

12

13

14,15

16

17

18

19

20

21

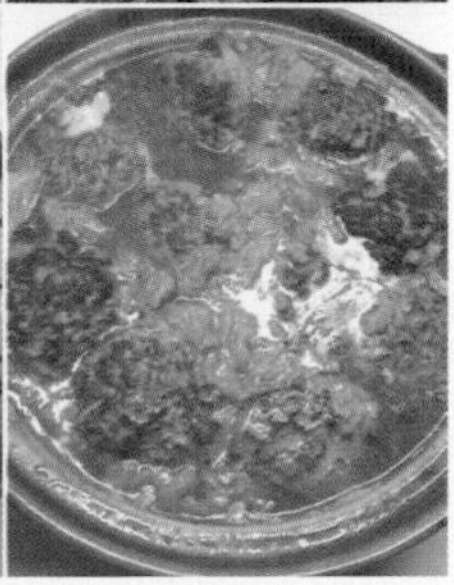
22

醬燒豬腳

所有含膠質的東西我都喜歡，舉凡雞腳、豬皮、雞翅，其中又以豬腳的膠質最為豐富。中國菜中的豬腳料理不少，多在慶典喜宴上討個吉利。在台灣吃豬腳可以去霉運，又以屏東縣的萬巒豬腳最為有名，而國外好像比較少有以豬腳做的料理，唯有德國的酸菜豬腳聞名世界。

結婚前我算是個挑嘴的人，很多東西都不喜歡也不願意嘗試，肉只吃精瘦部位，一點點肥肉都無福消受，更別說吃豬腳了。不過跟老公相處之後，我的飲食習慣也慢慢受他影響，這些不敢吃的東西也可以接受進而喜歡。現在選擇豬腳我偏愛靠近蹄的部位，肉雖然少，但是皮厚少油帶點筋，啃起來特別過癮。這些含有大量膠質的食材最適合紅燒，豐富的膠原蛋白讓皮膚水水。

家常紅燒，細火慢燉，豬腳滷的軟嫩，筷子夾起還會牽絲。家中有人生日的時候，別忘了燉上一鍋豬腳為他祝壽！

認識食材

八角

八角又稱茴香、大料，為茴香的果實乾燥而成，外型獨特，由八個分果組成，故名八角。氣味芳香而甜，藥用食用皆可，適合添加肉類中去腥提味，是中菜烹飪的調味料之一。

份量
約6～8人份

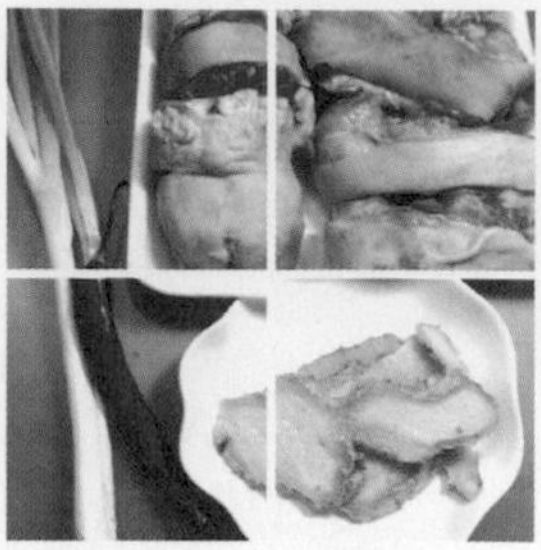

材料	豬腳1800g 青蔥5～6支 薑5～6片 紅辣椒1支 八角4～5粒
調味料	水1500cc 醬油200cc 米酒75cc 冰糖 5T

做法

1. 豬腳切段；青蔥切段；紅辣椒切段。
2. 燒一鍋水煮沸，放入豬腳，加入2～3片薑片及2支青蔥段。（1）
3. 汆燙至豬腳變色就可以撈起（湯汁不要）。（2）
4. 鍋中倒約2T油，油熱後，放入青蔥、薑片及紅辣椒段炒香。（3）
5. 再加入八角。（4）
6. 接著加入所有調味料煮沸。（5、6）
7. 放入汆燙完成的豬腳。（7）
8. 蓋上蓋子，以小火燜煮50分鐘至豬腳軟爛即可。（8、9）

小叮嚀。。。

- 煮一把麵線，湯汁加些清水稀釋煮沸就可以組成香噴噴的豬腳麵線。

1

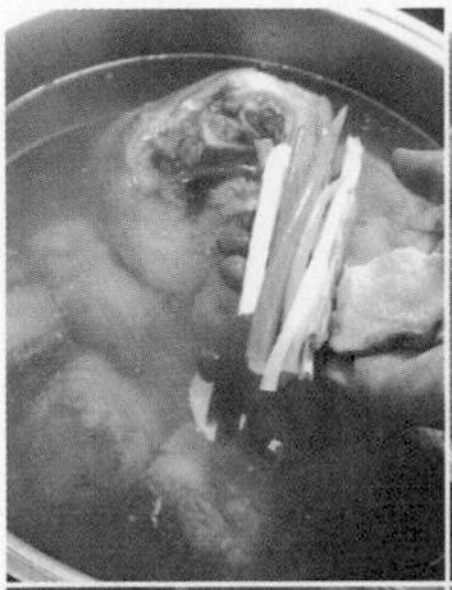

2

3

4

5

6

7

8

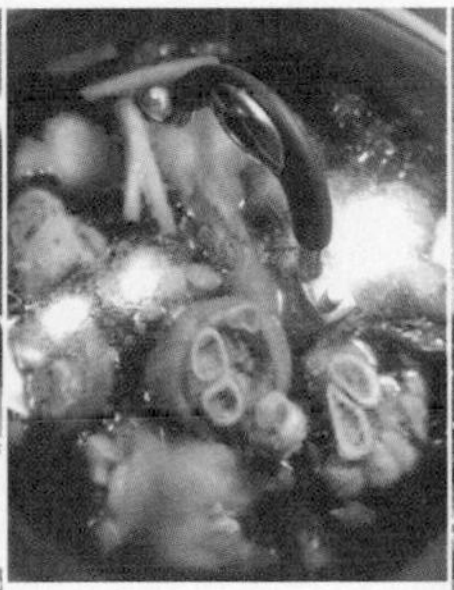

9

鹹蛋蒸肉餅

鹽是料理中不可缺少的一樣調料，也是醃漬保存食物最重要的材料。多餘的肉類或是盛產的蔬菜，都可以利用鹽來達到長時間保存的目的。更特別的一點，添加了鹽的食材，經過時間變化產生發酵，醃漬出來的成品比新鮮的材料更多了一份特殊風味與口感，這是新鮮食材沒有辦法取代的滋味。

鹹蛋是很普遍的一樣食材，自己做其實也非常容易，原料就是新鮮的蛋及鹽。將蛋清洗乾淨，浸泡在鹽與水濃度比例約一比四的鹽水中兩個月左右，撈起蒸熟即完成。鹹蛋除了搭配稀飯直接吃或是取蛋黃做一些中式糕點，其實鹹蛋也是料理的好搭配。近年來流行的金沙料理，就是利用鹹蛋黃來調理。家常蒸肉餅中混合了鹹蛋白，就可以直接代替鹽來調味，也讓平時比較不受歡迎的鹹蛋白多了另外的用途。

認識食材

鹹蛋

鹹蛋是一種用鹽醃漬鴨蛋的傳統食品，使用鹽長時間浸泡使得蛋白蛋黃產生特殊風味，蛋黃顏色紅潤出油為上品。蛋黃更是很多中式點心如粽子，月餅糕點不可缺少的材料。鹹蛋因為含鹽份高，攝取份量要多注意。

份量

約4～5人份

材料	豬絞肉300g 生鹹蛋1個 青蔥1支 薑2～3片 太白粉1T
調味料	醬油1T 米酒1 T 白胡椒粉1/4t

做法

1. 青蔥及薑切成末。（1）
2. 依序將生鹹蛋白及其他所有材料、調味料加入豬絞肉中。（2～4）
3. 用筷子仔細混合均勻。（5）
4. 完成的肉餡倒入大碗中抹平整。（6）
5. 肉餡中央放上生鹹蛋黃。（7）
6. 放入蒸鍋中，以大火蒸20分鐘即可。（8）
7. 也可以放入電鍋中，外鍋放1杯水蒸煮至跳起來。

小叮嚀

・若買到整顆蒸熟的鹹蛋，蛋白部分請先剁至細碎，再混入肉餡中混合。

1

2

3

4

5

6

7

8

瓜子肉

小的時候很愛這道便當菜，只要有這一道菜，中午都迫不及待扒光飯盒。瓜仔肉耐蒸又帶著鹹香的口味，是非常簡單快速的一道料理。醬瓜屬於醃漬可以長時間保存的食物，原料非常簡單，就是小黃瓜，醬油及糖。將小黃瓜切成片狀，用熱水稍微汆燙十多秒，再浸泡到醬油，糖與水約○．五比○．五比一的湯汁中三至四天即完成，製作過程只要注意保持鍋子乾淨就不會失敗。如果遇到小黃瓜盛產便宜的時候，可以自製一些保存起來，不管是搭配稀飯來食用或是做為配料，頗有一種復古風情。

雖然購買一罐醬瓜罐頭很方便也很便宜，但是在現在這樣忙碌的社會中，能夠親自動手做出一些老阿嬤的古早味是多麼讓人雀躍的事。在我記錄部落格的這些年，一直嘗試將一些市售物用家庭方式製作出來，這些古早味更吸引大家親自動手做做看。其實這些東西也都是老祖先一樣一樣流傳下來，在自己製作過程中除了原料透明，還可以看到食物在醃漬中產生的變化，成品完成更有一種說不出的成就感。

為什麼我們會希望為心愛的家人洗手做羹湯？因為在製作過程中，將愛與耐心細細放入其中。試想，只有為最重要的人料理，才會仔細準備食材，注意調理過程的衛生。如果餐廳老闆將上門來吃飯的客人視為家人般看待，我相信這家餐廳一定是高朋滿座。

認識食材

醬瓜

將小黃瓜搓鹽脫水，然後用醬油、糖、醃漬浸泡，成品甘脆爽口適合保存，為佐餐配稀飯的小菜。因其鹹度高，高血壓的人要適度攝取。

份量
約4～5人份

材料	豬絞肉300g　醬瓜罐頭一罐含湯汁約170g 青蔥2支　蒜頭3瓣　薑3片
調味料	米酒1T　麻油1T　鹽1/4t 太白粉1/2T　糖1t　醬油1/2T

做法

1. 豬絞肉再稍微剁細一些，產生黏性。（1）
2. 蒜頭、薑及醬瓜切末；青蔥切蔥花。（2）
3. 將所有材料及調味料放入盆中，倒入醬瓜湯汁混合均勻。（3）
4. 攪拌均勻的肉餡倒入大碗中抹平整。（4、5）
5. 放入電鍋中，外鍋放1杯水蒸煮至跳起來即可。
6. 上桌前可以灑上些蔥花。

1

2

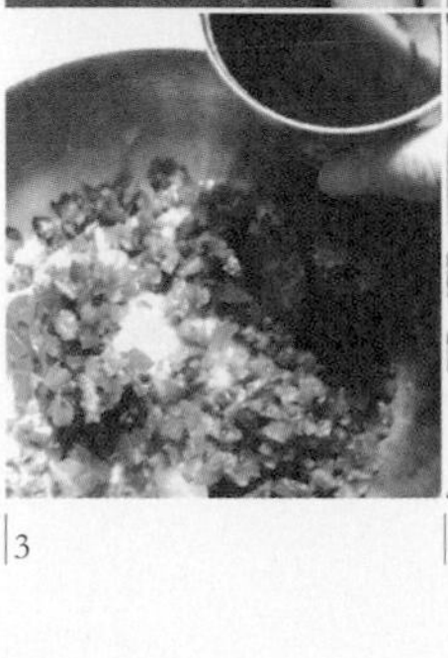
3

4

5

家常滷味

我偏愛的滷味是冷食熱食均可，很多夜市中流行的將材料放入滷汁中氽燙的熱滷味比較不合我的口味，總覺得成品只是過了一層醬汁，缺少了點什麼。我喜歡的滷味是那種滷的入味，連啃骨頭都回味無窮，非常過癮。雞腳雖然沒有什麼肉，但膠質澎湃，是吃滷味的首選。小的時候外公常說，小孩子不能吃雞腳，不然寫字會難看。雖然是句玩笑話，但也讓我每次看到雞腳就懷念有著老頑童個性般的外公。

媽媽與外婆的滷味是記憶中的美味，這也是我常常準備的一鍋，其中有雞腿、雞翅、雞蛋、海帶、豆乾，每一種都精采。不論帶便當，當下酒小菜，做零食就是滿足的一餐。有一鍋好滷湯，材料的精華也保留在湯汁中，越滷越夠味。一些有名的老店，老滷汁就是鎮店之寶，任何食材有了好滷汁的加持，馬上不同凡響。

滷東西的時候避免長時間一直燉煮，只要將滷製的食材煮熟，剩下的過程用浸泡來入味，這樣滷出來的肉質就不會乾澀，而且顏色漂亮可口。我希望將記憶中的美味一代一代的傳承，留下更多的屬於自己的故事。

晚上跟老公窩在沙發上看影集的時候，如果有一盤滷菜就是最高的享受了。

認識食材

陳皮

陳皮為橘子皮脫水乾燥而成，放置越久越好，故稱為「陳皮」。陳皮可以用做中藥材或是烹調中當佐料使用，幫助去腥增加料理風味。陳皮若經過糖及鹽醃漬起來就變成一種蜜餞零食。

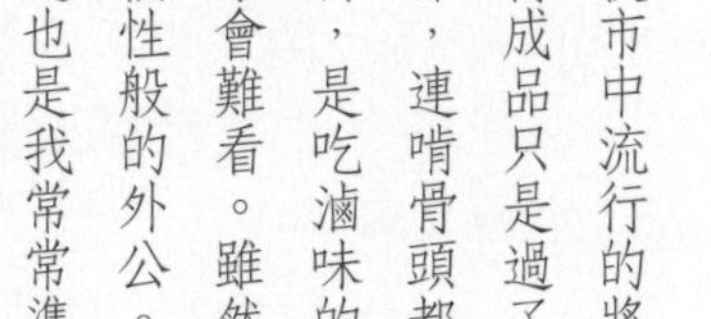

份量

約5～6人份

醃料

A. **滷湯材料**：青蔥2支 薑3～4片 大蒜3～4瓣
辣椒1支 八角2～3粒 醬油80cc
米酒40cc 鹽1/2t 冰糖1T
蜂蜜20g 水600cc

B. **滷製材料**：雞腿 雞蛋 雞胗 雞翅 素雞
豆乾等

調味料

清水1T 鹽少許 白胡椒粉少許
醬油1T 糖1/2t

做法

1. 將滷湯材料（冰糖及蜂蜜材料除外）依序放入鍋子中，以小火煮沸（煮沸後請嘗試味道，太鹹或太淡可以調整）。（1、2）
2. 需要滷製的雞腿及雞翅先在沸水中汆燙至變色。（3）
3. 雞胗必須先煮20～25分鐘煮至軟；雞蛋煮熟剝殼。
4. 將以上處理好的雞腿、雞翅及雞胗放進煮沸的滷湯中。（4）
5. 加入冰糖及蜂蜜，以小火煮15分鐘至肉類熟透。（5、6）
6. 再放入雞蛋，煮2～3分鐘就關火，浸泡至隔夜。（7）
7. 浸泡入味後，直接撈起食用或放入冰箱冷藏（避免將滷好的材料一直浸泡在滷湯中，不然會太鹹）。（8）
8. 若想吃熱的，可以再加熱或是用蒸的。
9. 如果要滷豆腐、豆乾或海帶等食材，先舀出一部分老滷汁當基底，再加新的調味料及蔥薑就可以。

1 2 3 4

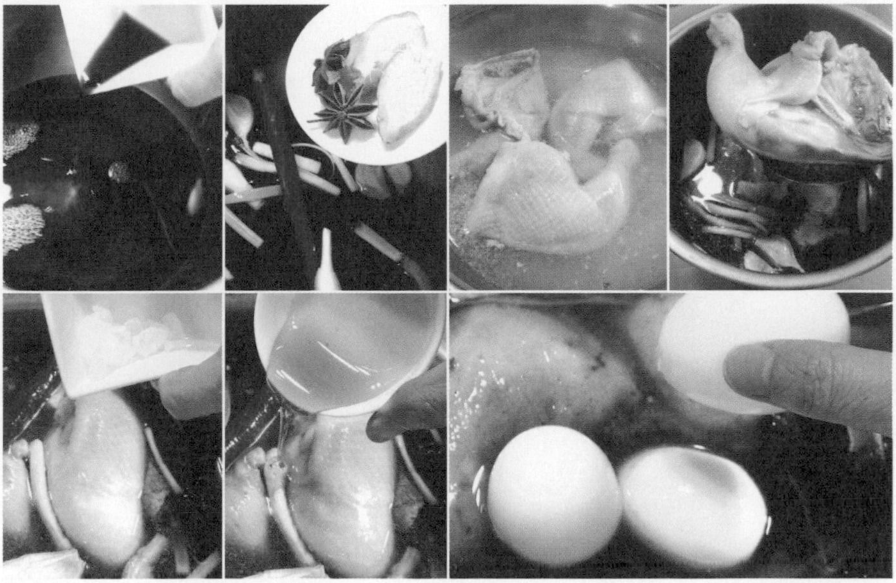

5 6 7

8

小叮嚀

- 蜂蜜可以使用糖代替。
- 任何肉類都事先汆燙過，才可以放入滷湯中。
- 不放豆類的滷湯不會變混濁，也不會變質。滷汁上方的油可以撇去不要，比較不油膩，滷好後，就將舊的蔥薑撈起丟棄。如果短時間沒有用到，就將老滷湯放冰箱冷凍庫保存。使用時再退冰，添加適量新的調味料及蔥薑蒜就可以。

豆酥鱈魚

天氣好，到台大校園散步，熱熱的陽光曬的跟夏天一樣。街上年輕的女孩甚至穿起了背心，可見冬天的太陽魅力多大。年前出門偷個閒，不採購年貨，不做年菜，只想讓心情放輕鬆。

在校園的一角看到一個年紀大的街友，拖著沉重的行李箱。他滿身髒亂，腳步蹣跚，讓人擔心他沒有吃飽。老公看出我的憂慮，追上前去問他是否需要幫助，希望給他一些錢買東西溫飽。只見他靦腆的笑著說，我有錢，只是喜歡這樣自由的生活，婉拒了我們的幫助。看著他緩緩離去的背影，心裡還是有點擔心。夜晚這麼冷，天氣變化又大，真不知道老人家是如何生活。也許他真的喜歡這樣自由自在的過日子，但是還是希望他該回家的時候要記得回家。

這是媽媽的拿手菜，炸的酥脆的豆酥加上柔軟的鱈魚，很美妙的組合，是從小就喜歡的一道下飯的好料理。豆酥一定要炒的酥脆，吃起來口感才特別好。

認識食材

鱈魚

鱈魚的肉質嫩滑結實而味淡，是家庭料理中常見的海鮮菜單之一。目前台灣的鱈魚大概分三種：較常見的為扁鱈，肉質較軟細；圓鱈油質較多，在一些大市場與百貨公司較常見；龍鱈肉質較Q較厚實，適用於烤或是蒸煮。

份量
約4人份

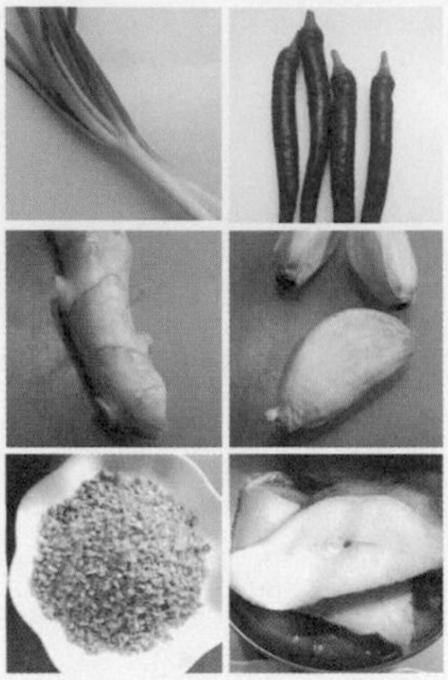

材料
鱈魚2片 青蔥1支 蒜頭2瓣 嫩薑2片
紅辣椒1支 豆酥50g

醃料
鹽1/4t 米酒1T

調味料
糖、白胡椒粉各少許

做法

1. 青蔥、蒜頭與嫩薑切末；紅辣椒切小段。（1）
2. 鱈魚加上醃料，塗抹均勻，醃漬30分鐘。（2）
3. 魚醃好後，燒一鍋開水，水滾後，將魚放上，以大火蒸10分鐘至魚熟透。（3、4）
4. 蒸魚的同時可以炒製豆酥。
5. 鍋中放4～5T油，油熱後，放入切好的辛香料炒香。（5）
6. 再加入豆酥、糖及白胡椒粉，此時轉小火，慢慢將豆酥炒至呈現金黃色。（6、7）
7. 最後再加入一些青蔥末混合均勻即可。（8、9）
8. 魚蒸好後，將盤子中蒸出來的湯汁倒掉（倒出來的魚湯可以煮湯）。
9. 將炒好的豆酥鋪放在鱈魚上面即完成。（10）

小叮嚀

- 不喜歡辣的人辣椒省略。
- 豆酥可以在傳統市場的雜貨店或某些大賣場買到。
- 若買到的豆酥是塊狀，使用前請先捏碎。
- 炒豆酥的時候油少比較不好操作，火千萬不能大，否則容易炒焦。旁邊可以準備一條濕毛巾，看到豆酥已經變金黃，馬上將鍋子離火，放在濕毛巾上降溫，這樣可以避免炒過頭。
- 鱈魚也可以使用鯧魚。

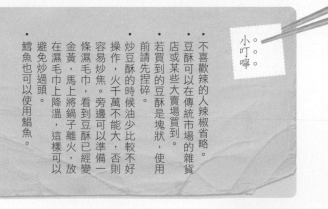

1

2

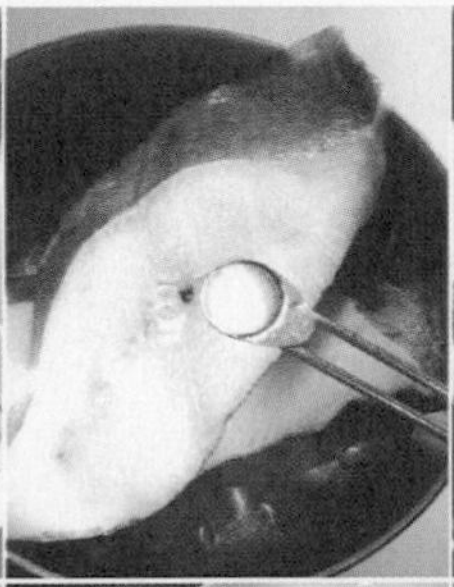

3

4

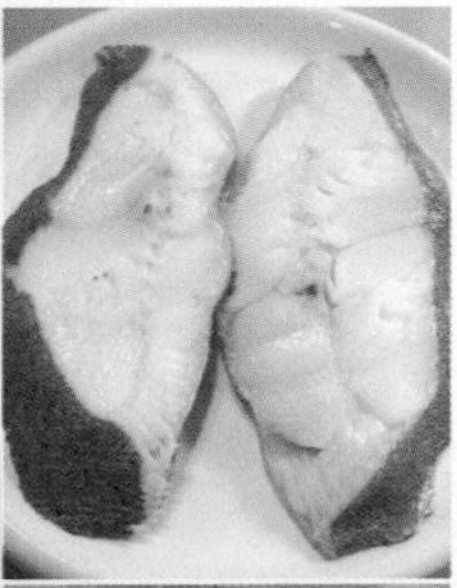

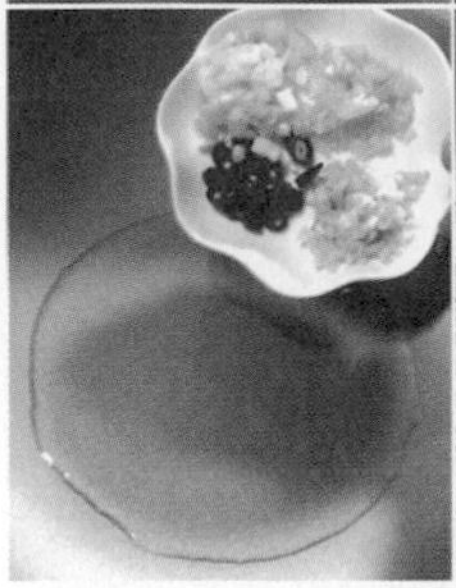

5

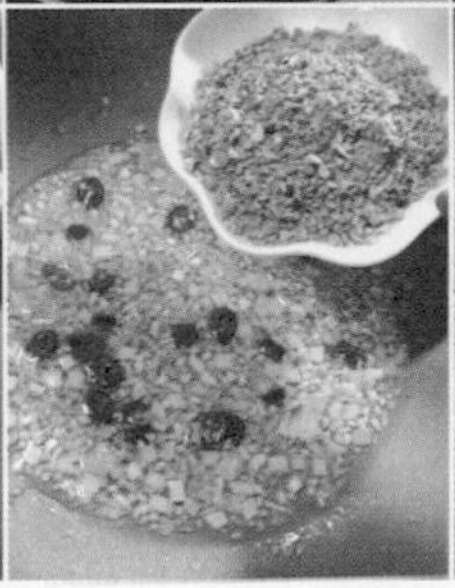

6

7

8

9

10

蘿。蔔。燒。雞。翅。

沒有上班的日子，生活少了工作壓力，也多了很多自由的時間，跟我的貓咪可以二十四小時相處在一起。家裡九隻貓每個都是我的寶，但是其中最偏愛叮叮。也許是她不能走不能跳最讓人心疼。在廚房忙的時候，叮叮總是會來腳邊依偎，我都笑她是被我的料理的香味吸引過來。一邊洗菜切菜，身旁還有個小傢伙跟前跟後，我在廚房一點都不孤單。偶爾喊她一聲，她就仰著頭大聲的回應我，忍不住就想把她擁入懷中。叮叮，雖然妳是一輩子的牽掛，但是媽媽心甘情願！

俗話說：「冬吃蘿蔔夏吃薑，不勞醫生開藥方。」也許有些誇大，但蘿蔔確實有著很好的食療價值，其中含有豐富的酶可以幫助腸胃消化作用。白蘿蔔水分多，小時候就常常聽母親說起她小時候在北方時，冬天的白蘿蔔多汁口感清脆甜美，直接生吃就跟水梨一樣好吃。白蘿蔔的甘甜最適合跟肉類燉煮，與含有豐富的膠質雞翅燒的軟爛入口即化。這道料理耐蒸耐熱，是很棒的便當菜。

認識食材

雞翅

雞翅為全雞翅膀部位，因為活動量最多，雖然肉較少但膠原蛋白質豐富，是非常鮮嫩可口的部位。雞翅還可以細分為翅尖、翅中、翅腿三部分。

份量

約5～6人份

材料	雞翅12支 白蘿蔔1/2條（約500g） 薑3～4片 青蔥2～3支
調味料	醬油50cc 紹興酒2T 烏醋1T 冰糖10g 鹽1/2t 水500cc

做法

1. 雞翅清洗乾淨，將水分瀝乾。
2. 白蘿蔔去皮切，約1.5公分寬輪狀或塊狀；青蔥切段。（1）
3. 鍋中倒入1T油，油熱後，放入薑片及青蔥段炒香。（2）
4. 放入雞翅，以中小火煎至表面變色。（3）
5. 再放入白蘿蔔，翻炒2～3分鐘。（4、5）
6. 依序將所有材料移至燉鍋中，加入調味料煮至沸騰。（6、7）
7. 蓋上蓋子，轉小火，燉煮30分鐘至雞翅蘿蔔軟爛即可。（8、9）

小叮嚀。。。

- 雞翅也可以使用切塊雞腿肉代替。
- 燉煮的步驟也可以使用電鍋燉煮，外鍋放1杯水蒸煮2次。

1 2 3 4

5 6,7 8 9

蘿蔔海帶燉肉

俗話說，工欲善其事，必先利其器。每個家庭的廚房都有一些基本的器具，適合的用具不僅幫助料理過程更簡單，相對也可以節省不少時間。剛結婚時，曾被百貨公司中示範鍋具的推銷人員吸引，看他們神乎奇技的做出美味料理，也忍不住買回家試試。才知道別人用好用，自己使用起來有時候並不是完全這麼一回事。有些器具中看不中用，體積龐大，配件多多，每一次要使用就要大費周章，最近就淪為儲藏室的一角。買東西有時候會受到旁人影響，或是被廣告詞吸引，但是這麼多年來，我學到一件事，貴的東西不一定就好用，便宜的東西也不一定就很糟。只要是符合自己需求的用品，就是好東西。

時間不夠的時候，電鍋就是很方便的料理工具。家中人口少，所以我的電鍋也很迷你，只有五人份。這台電鍋是十多年前在公司尾牙抽獎抽中的獎品，這些年來每天都盡忠職守，竟然也陪伴了我們這麼久的時間。這些好用的物品雖然沒有先進花俏的設計，但是卻是生活中少不了的好幫手。好好維護，甚至可以使用更長的時間。比起電子式的設計，我還是喜歡這種機械式的操作。

將材料依序放入，壓下開關，一鍋香噴噴的蘿蔔海帶燉肉就在晚餐前完成。希望我的電鍋還是堅守崗位，在廚房中做我的得力助手。

認識食材

新鮮海帶

海帶也稱為昆布，是一種在沿海海洋低溫海水中生長的大型海生褐藻植物，因生長在海洋中，形態柔軟似帶而得名。海帶營養豐富，含有較多的碘質、鈣質，有治療甲狀腺腫大之功效。海帶味道可口，適合涼拌或熱炒、熬煮燉湯。

小叮嚀

・豬梅花肉塊也可以使用胛心肉（前腿肉）代替。

・味醂可以使用米酒代替。

份量
約5～6人份

材料	豬梅花肉塊500g 白蘿蔔1/2條（約500g） 新鮮海帶捲200g 青蔥2支 薑2～3片 水600cc
調味料	味醂2T 醬油60cc 冰糖2T 鹽1/8t

做法

1. 豬梅花肉切成約3cm塊狀；白蘿蔔去皮切塊狀；青蔥切大段；海帶捲用清水沖洗乾淨，切成小塊。（1）
2. 將白蘿蔔鋪放在電鍋內鍋中最底層。
3. 依序放入豬肉塊、海帶及青蔥、薑片。（2、3）
4. 再倒所有調味料及清水。（4、5）
5. 用筷子稍微攪拌一下讓調味料均勻。（6）
6. 放入電鍋中，外鍋放1.5杯水蒸煮至跳起來。（7）
7. 再燜30分鐘至肉軟爛即可。（8）

1 2 3 4 5 6 7 8

干貝燴紅白蘿蔔

家裡有兩個冰箱，老公常打趣的說，就算一個月都不出門，我們也不要擔心，可以正常生活。雖然是句玩笑話，但是我的糧食儲藏真的非常驚人，除了冰箱中的新鮮蔬菜水果，打開廚櫃，南北乾貨罐頭一應俱全，小小的廚房寶貝一堆，任何時候想吃些什麼或做些什麼特別的料理都沒有問題。我最怕的事就是興致一來想做某道菜卻發現材料少東少西，那可是會讓我抓狂的。

乾燥類的食材保存期限長，例如香菇、蝦米、蝦皮、干貝等都是不可缺少的。看似不起眼，卻是讓料理提鮮增香的秘密武器，平凡的炒青菜也可以由醜小鴨變天鵝，成為餐桌上的焦點。

過年婆婆給了好幾條白蘿蔔，正好讓我們多多攝取大量纖維質。冬天的白蘿蔔物美價廉，是最佳品嘗時機。可惜台北陽光不夠，不然曬成蘿蔔乾也很棒。這麼好吃的白蘿蔔可是要好好利用，用年節期間會準備的乾燥珠干貝一塊燴煮，白蘿蔔的清甜混合著干貝的鮮香，加上嬌豔的紅蘿蔔，平凡的食材滋味也變得不簡單。

認識食材

干貝

干貝也稱為瑤柱，為海鮮貝類動物的後閉殼肌，將其取下乾燥而成的產品。干貝越大價錢越高，使用前必須先泡水發漲，味道鮮甜，適合燒、燴、蒸、煮，增加菜餚鮮美滋味。

份量
約4～5人份

材料

紅蘿蔔150g 白蘿蔔300g
青蔥1/2支 乾燥珠干貝10g
高湯350cc（蒸好的珠干貝湯＋雞骨高湯合起來）

調味料

紹興酒1/2t 醬油1/2t 鹽1/4t 糖1/4t
太白粉1T＋清水1T（混合均勻勾芡使用）

做法

1. 紅蘿蔔及白蘿蔔切約0.3公分寬細絲；青蔥切蔥花；珠干貝加入100cc的沸水，放入電鍋中蒸煮30分鐘。（1、2）
2. 將珠干貝蒸至手捏可以壓碎（蒸好的珠干貝湯保留做高湯）。（3）
3. 切好的紅、白蘿蔔用沸水汆燙3分鐘撈起。（4）
4. 炒鍋中放1/2T油，油溫熱後，放入干貝，以小火炒香。然後加入紹興酒，翻炒1分鐘。（5）
5. 繼續加入高湯及其他調味料煮沸。（6）
6. 接著放入汆燙好的紅、白蘿蔔，煮至沸騰。（7、8）
7. 蓋子蓋上，使用小火熬煮15～20分鐘至蘿蔔軟（若煮的過程中湯汁不夠，可以斟酌添加）。（9）
8. 加入蔥花混合均勻，再煮1分鐘。（10）
9. 最後將太白粉水混合均勻勾薄芡即可。（11、12）

小叮嚀。。。

・乾燥珠干貝也可以使用蝦米代替，省略蒸煮程序，用熱水泡軟即可。
・紹興酒也可以使用米酒代替。

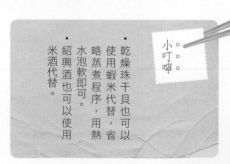

1

2

3
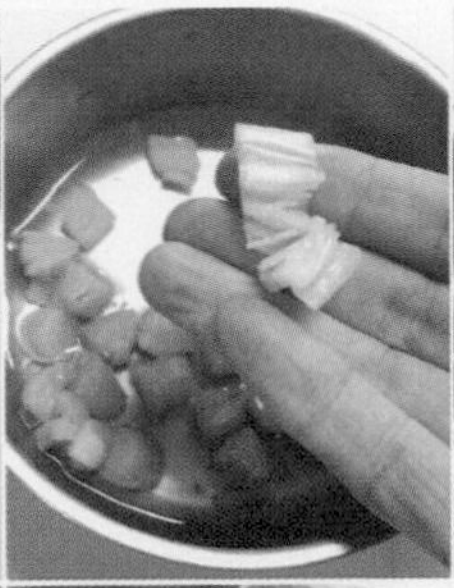
4

5

6

7

8

9

10

11

12

皇帝豆燒五花肉

在傳統市場中買菜總可以學到很多婆婆媽媽的私房料理，遇到有人不了解某樣食材的吃法，大家不僅會主動解釋，還會熱心分享自己的拿手菜，只見一群人聚在菜攤前熱鬧無比。

結婚前幾乎每個星期假日都會挽著媽媽的手，拉著小拖車到家附近的菜市場採買。那時候還沒有這麼多超市或大賣場，街尾的市集就是主婦們串門子的地方。常常去，跟攤商的感情自然熟，打招呼問候聲此起彼落，不用開口，零頭尾數自動省略，裝袋還會多塞一把蔥或紅辣椒。偶爾還會遇到鄰居奶奶或阿姨，順便聊一聊彼此的近況，小小的市場儼然就是主婦交流學習廚藝分享生活的場所。

結婚後去買菜身邊陪伴的人從媽媽變成老公，傳統市場也漸漸改為超市，但是不變的是對料理的熱情，我希望一直延續如媽媽對家的照顧。

這道料理就是在市場學來的，皇帝豆個頭大，是豆中之王。熱量低又高纖維，但是有痛風的人就必須注意攝取份量。以前我還以為這是蠶豆，傻傻分不清食材，到一位朋友家吃了她燉煮的排骨湯才弄清楚。通常我都是燉湯居多，今天拿來紅燒沒想到這麼好吃。豆子燜的鬆軟，五花肉肥而不膩，是一道非常配飯又適合帶便當的料理。

認識食材

皇帝豆

皇帝豆又名白扁豆，因其體積大為豆中之冠，故稱為皇帝豆。新鮮的皇帝豆口感綿細，風味香甜，纖維多熱量也相對的低，很有飽足感，是素食者蛋白質良好來源。但是其磷、鉀含量高，所以有痛風的人要避免食用。

份量

約4～5人份

材料	皇帝豆300g 帶皮五花肉450g 青蔥1支 蒜頭2～3瓣 薑2～3片
調味料	清水300cc 醬油2.5T（約40cc） 米酒2T 冰糖0.5T 鹽1/4t

做法

1. 帶皮五花肉切約3公分方塊狀；青蔥切段；蒜頭去皮。（1）
2. 炒鍋中倒入1T油，放入豬肉塊，以中火翻炒至變色。（2）
3. 再放入青蔥、蒜頭及薑片，翻炒2～3分鐘。（3）
4. 依序加入所有調味料混合均勻至沸騰。（4、5）
5. 蓋上鍋蓋，使用微小火燜煮25分鐘。（6）
6. 加入皇帝豆混合均勻，以小火再燜煮10～15分鐘至湯汁收乾即可（若湯汁不夠，可以視情形添加少許清水調整）。（7～9）

小叮嚀。。。

・不喜歡五花肉可以使用梅花肉或前腿肉（胛心肉）代替。

1　2　3　4,5

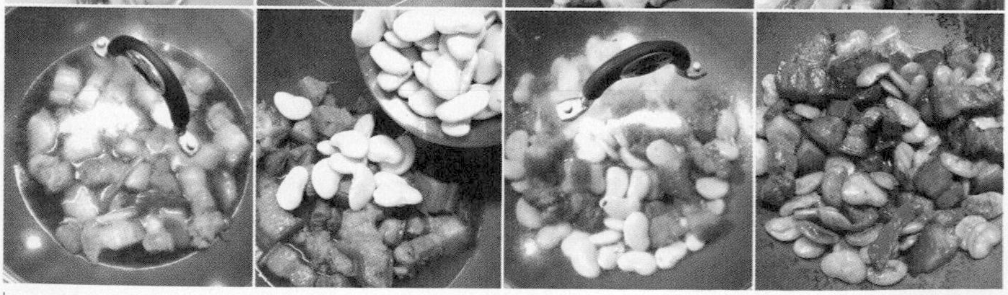

6　7　8　9

薑蒸冬瓜

說起吃，我絕對不是個美食家，因為其實我外食機率不高，想吃什麼大多是自己料理，沒有太多講究的刀工或步驟程序。自己做一方面單純就是希望家人吃的健康吃的好，另一方面小家庭一切都還在打拼努力，不能夠花費太多的金錢在外食上。我仔細記錄過，自己做是真的省非常多。比如說，一盤最簡單的炒青菜，到小餐館也要至少花費一百元，但是自己做，一把青菜約十五元，加上調味及瓦斯費，最多也不超過三十元，足足省了七十元，份量也一定划得來，所以省了荷包也賺到家人讚美的掌聲。

這一陣子大多在家附近的傳統市場採買，假日的市集熱鬧滾滾，五金服飾熟食，每一攤都讓我逛的流連忘返。老公說我把菜市場當成百貨公司，我覺得市場有時候比百貨公司還有趣多元，還更多了一份人情味。看到市場熟悉的阿婆跟我揮手，我當然要過去多多捧場，回程雙手又拎的滿滿，我知道今天又會在廚房窩一整天了。

夏季水分多多的冬瓜是我今天的目標，清甜消暑又去水腫，熬排骨湯，蛤蜊湯也對味。不想大費週章起油鍋，電鍋就是最佳幫手，所有材料丟進內鍋，一個動作就完成。

冬瓜性寒，加點薑絲中和一下，柴魚調味飄著日式風，是適合夏天品嘗的一道料理。

認識食材

冬瓜

冬瓜為一年生蔓性草本植物，重量由數斤到數十斤都有，體型大小會因品種而不同，春天播種，夏季採收。因為瓜熟的時後，表面會有一層白色粉末狀的物質，就好像是冬天結的白霜，故稱為冬瓜。冬瓜維生素C高，清涼解熱，水分高熱量低，適合燉煮，夏季食用非常適宜。

小叮嚀

• 不加柴魚粉請使用鹽代替，另加1/4小匙糖調味。
• 這道菜冷吃熱吃都適合。

份量

約4～5人份

材料	冬瓜600g 薑3～4片 水50cc
調味料	醬油1t 柴魚粉1/4t 鹽1/4t

做法

1. 薑切絲；冬瓜去皮去籽，切成2公分寬片狀。（1）
2. 切好的冬瓜放入電鍋內鍋中，依序加入所有調味料。（2）
3. 再加入薑絲及水。（3、4）
4. 用筷子將所有材料稍微混合均勻。（5）
5. 放入電鍋中，外鍋放一杯水蒸煮至跳起來，再燜10分鐘即可。（6、7）

1 2 3 4 5 6 7

文蛤蒸蛋

炎炎夏日真的到來了，我也開始自己熬煮一些茶飲做些涼水給家人消消暑，新聞中「塑化劑」風波，也讓很多媽媽憂心是否吃到了影響身體健康的食物。現代人因為忙碌，很多東西沒有時間親自動手，所以一些廠製食品就因應產生，但是也讓一些有心廠商趁機添加一些不好的材料，大賺黑心錢。好像一些乾燥食品為了顏色美觀，製作過程就添加過多的二氧化硫，顏色不美，紅紅綠綠的色素可以吸引買氣，味道不夠，各種香精就蓋過天然的氣味。

其實我們也必須練習改變一些購買的習慣，例如買東西不要只看外表，也許看到過於漂亮或鮮艷的食品就要特別注意。這麼多年來，我一直在廚房身體力行，希望親手做出美味健康的料理。其實真正使用天然的材料做出來的成品一定不會有過多香氣或色彩，但是用天然的材料做出各式各樣料理，即使香氣不夠濃郁，口感沒有這麼軟綿蓬鬆，但是成品安心也健康。味覺適應了簡單原始的調味，會慢慢發現食材本身的好滋味。好友自家養殖的新鮮無污染文蛤，給我們帶來滿滿的海味。天氣熱，來碗簡單的蒸蛋，軟嫩滑口好鮮甜！

認識食材

文蛤

文蛤為貝類的一種，也稱為蛤蜊、蛤仔或粉蟯，通常是養殖於河口或台灣西海岸的砂泥底質。外殼略呈三角形， 挑選時可將文蛤互敲，有清脆聲音者較為新鮮。烹煮前，放加少許鹽的清水中吐沙，文蛤肉嫩味鮮美，煮湯調味都是一絕。

份量
約3～4人份

材料　文蛤15～20個　雞蛋3個　薑2～3片　水450cc

調味料　醬油1t 鹽1/3t　味醂1t

做法

❶ 文蛤清洗乾淨，泡在約0.5%濃度的鹽水中，吐砂5～6小時。
❷ 薑片放入水450cc中煮沸。（1）
❸ 放入文蛤，煮至殼打開馬上撈起（不要煮過久）。（2）
❹ 湯汁倒出450cc放涼備用。（3）
❺ 雞蛋加入所有調味料，用打蛋器打散混合均勻。（4、5）
❻ 放涼的湯汁加入蛋液中，混合均勻。（6、7）
❼ 蛋液約2/3份量，使用濾網過篩到大碗中。（8）
❽ 表面蓋上蓋子或包覆鋁箔紙，放入已經大滾的蒸鍋中。
❾ 以大火先蒸3分鐘，然後轉中小火。蒸15分鐘至蛋凝固（若時間到還沒有完全凝固，可以將時間延長）。（9）
❿ 再將剩下1/3的蛋液，用濾網過篩到碗中。（10）
⓫ 煮開的文蛤平均鋪放在蒸蛋表面。（11、12）
⓬ 表面蓋上蓋子或包覆鋁箔紙，再度放入已經大滾的蒸鍋中。
⓭ 用大火先蒸3分鐘，然後轉中小火蒸8～10分鐘至蛋凝固即可。（13）

小叮嚀。。。

・文蛤的份量都可以依照自己喜歡增減。
・此蒸蛋口感非常軟嫩，1顆蛋約使用150cc的水量，若喜歡硬一點，水量可以斟酌減少。
・蛋液分兩次蒸的目的，是讓文蛤可以浮在蒸蛋表面，比較美觀。

1

2

3

4

5

6

7

8

9

10

13

11

12

滷肉飯

走在台灣的大街小巷中，從路邊攤一碗二十元到五星級飯店一碗四百元，滷肉飯就是道地的台灣美味。這是庶民美食的代表。煮的ＱＱ的米飯上淋一大匙油亮香噴噴的肉燥，如果再加上一盤燙青菜就更滿足，還沒吃就被濃濃香氣吸引。

滷肉飯單從字面上來看就知道這是必須用滷製方式來完成的料理。早期農村生活簡樸，主婦們會跟賣豬肉的小販索取一些零碎肉皮肉塊，回家加上醬油、糖、酒及辛香料慢火細燉滷製成一鍋肉燥，成品色澤濃郁鹹中帶點甜，澆淋在白飯上混合均勻享用。在台灣北部稱為滷肉飯，南部則稱為肉燥飯。不管名稱是否一樣，南北的味道一樣好。完成的肉燥除了拌飯，還可以拌麵、拌米粉或拌青菜，用途廣泛。吃的時候還會搭配一些醃漬配菜，例如醬瓜或黃蘿蔔等，看起來更豐盛。

有一種味道很久沒吃會想念，有著濃濃台灣味。有朋友要到國外唸書前，一定要學會這一鍋，平時吃飯就不是問題，還可以撫平思鄉心情。自己偏愛手工切出的肉丁，雖然費工但是絕對比使用絞肉做的好吃。皮Ｑ肉軟帶著亮麗的光澤，多加一小塊豬皮可以讓滷湯汁燉的更濃稠。還可以在滷湯中加幾顆白煮蛋或油豆腐，浸泡出來的滷蛋更是人間美味。今天我們吃香噴噴的滷肉飯。

認識食材

紅蔥頭

紅蔥頭是中菜烹調中用來增加香氣不可或缺的食材之一，與大蒜一樣，都隸屬於洋蔥家族。水分含量比洋蔥少，適合油炸而不會糊爛，還能使氣味變得略帶清甜，所以市面的油蔥酥都是利用紅蔥頭來製作。選購時，以表皮光滑，飽滿緊實為佳。在市場上可買到剛採收或風乾的成串紅蔥頭，只要放在陰涼通風處的地方就可保存數月不壞。

份量
約10～12人份

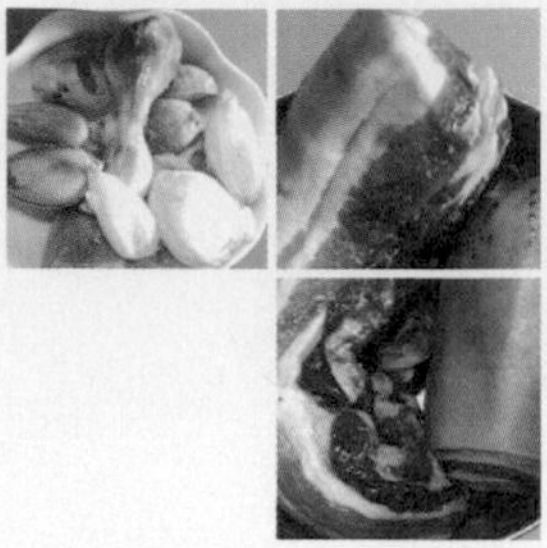

材料	紅五花肉1塊600g 豬皮200g 蒜頭5～6瓣 紅蔥頭6～7瓣 豬大骨高湯900cc（參見P.361）
調味料	醬油120cc 米酒50cc 冰糖50g 鹽1t 白胡椒粉1/2t 五香粉1/2t（調味份量為參考，請依照個人口味調整）

做法

1. 五花肉及豬皮洗淨，放入沸水中，煮10分鐘撈起，沖冷水。（1）
2. 將豬皮上未清除的毛清除乾淨。
3. 五花肉切成細條；豬皮切成小丁狀；蒜頭及紅蔥頭切末。（2、3）
4. 炒鍋中放3～4T油，放入切成丁的肉丁及豬皮，炒5～6分鐘撈起。（4）
5. 利用原鍋中的油，將蒜頭及紅蔥頭爆香。（5）
6. 放入肉丁拌炒均勻。（6）
7. 加入高湯及所有調味料煮到沸騰。（7、8）
8. 將所有材料倒入陶鍋中，蓋上蓋子，以小火燉煮1小時至軟爛即可。（9）
9. 此滷肉燥可以隨意淋在米飯或燙青菜上。

小叮嚀。。。

・五花肉選擇肥瘦約三比七為最佳，也可以使用粗絞肉代替，但以手工切丁口感最好。

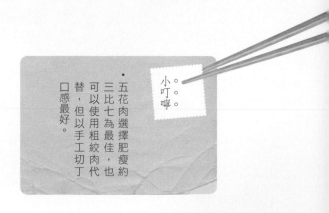

1 2 4

3 5

6 7 8

9

紅。燒。麵。輪。

麵輪是麵筋製品，將麵腸切片炸至金黃乾燥而成，在市場的雜貨店中可以購買，是很大眾化的食材。記得第一次調理的時候，沒有做任何處理就直接丟入鍋中烹煮，結果煮了二至三個小時，肉都煮到碎爛，而麵輪中心還是硬梆梆無法入口。麵輪調理前一定要花一些時間，前一天就要泡上足量的清水讓麵筋充分吸收水分回軟，可千萬急不得。浸泡過程最好在麵輪上方壓一個碗盤使得麵輪完全沉沒在水中，這樣才浸泡的透徹，拿來烹煮也就事半功倍。這些乾燥的食材平時可以多儲存一些，在來不及採買或臨時發現材料不夠的時候就發揮了最大的效用。

麵輪含有豐富的植物性蛋白質，特有Q彈的口感葷素皆適宜，吸飽了湯汁精華特別好吃，甚至比肉還要搶手。對於這些麵筋製品我情有獨衷，隔一陣子就會來上一盤，而且這些材料很容易調理，老少都可以接受。好像喜歡的食物一輩子都不會改變，大腦舌尖上會一直都留存好吃的記憶。

有肉有菜的料理最方便，肉有菜的甘甜，菜有肉的香，一鍋煮好就差不多完成晚餐一半的菜色。多做一點，隔天中午熱一下就是我的午餐。

認識食材

乾燥麵輪

乾燥麵輪是將新鮮麵腸切片油炸再乾燥而成，是一種可以長時間保存的麵筋製品。麵筋是由麵粉中所提取的物質，蛋白質含量高，常常被當做肉類的替代物，也是素食者的最佳蛋白質來源。乾燥麵輪使用前要先浸泡足量的水泡軟，因其有孔隙可以吸收湯汁，所以適合紅燒或燉滷。

份量
約5～6人份

材料
乾燥麵輪150g 梅花肉（或前腿肉）250g
乾香菇4～5朵 紅蘿蔔2條 薑2片 八角2粒

醃料
米酒1/2T 醬油1/2T

調味料
紹興酒1T 醬油2T 冰糖1t
鹽1/4t 白胡椒粉少許 水300cc

做法

1. 乾燥麵輪前一晚先浸泡足夠的清水軟化。（1）
2. 泡軟的麵輪用熱水汆燙，去除油味，撈起瀝乾水分。
3. 梅花肉切塊狀，用醃料醃漬30分鐘；乾香菇泡冷水軟化，切塊；紅蘿蔔去皮，切滾刀塊。（2）
4. 鍋中放2T油，放入薑片炒香，然後放入醃漬入味的肉塊翻炒到變色。（3）
5. 依序加入香菇、紅蘿蔔及麵輪翻炒均勻。（4、5）
6. 加入水、八角及所有調味料混合均勻。（6）
7. 煮沸後轉小火，蓋上蓋子，燜煮20分鐘左右至湯汁收乾即可。（7、8）

1 2 3 4

5 6 7 8

Part 3

涼拌醃漬

料理

椒麻美點稱嬌艷

椒。麻。豬。肉。

我喜歡洗洗切切處理食材，整齊的將每一樣調料，各式各樣準備好的材料放在流理台面，庖廚之樂於我好像曠野之祭司，廚房之皇后。我非常享受這些步驟，也自豪可以將這些食材化為一道一道跟家人朋友間的美味關係。

但是結束一頓完美的餐點，事後的清理工作卻是我的惡夢，油膩膩的鍋碗瓢盆，滿流理台的醬罐調味瓶，一切的一切都會打消我做料理的熱情。還好老公可以給我無限支援，無論我把廚房弄得再亂，碗盤用的再多，他總讓亂糟糟的廚房恢復原貌。他是我的廚房守護者，幫我維持清潔，讓我每一天都有新的動力埋首在料理中。

誰說女人到了廚房就變成黃臉婆，我的廚房有個好老公、好情人跟好朋友！

一個幸福的女人背後一定有一位體貼的男人！

認識食材

紅辣椒

辣椒有去腥與殺菌的效果，是烹調的好幫手。選購時，以本身無碰傷凹痕，顏色鮮艷亮麗為佳。一般而言，大量使用辣椒的機會很少，所以市售都是小包裝或小盒裝的。買回來後，洗淨擦乾後，裝在塑膠袋中，放入冰箱冷凍室保存，就可以存放一到兩個月的時間。

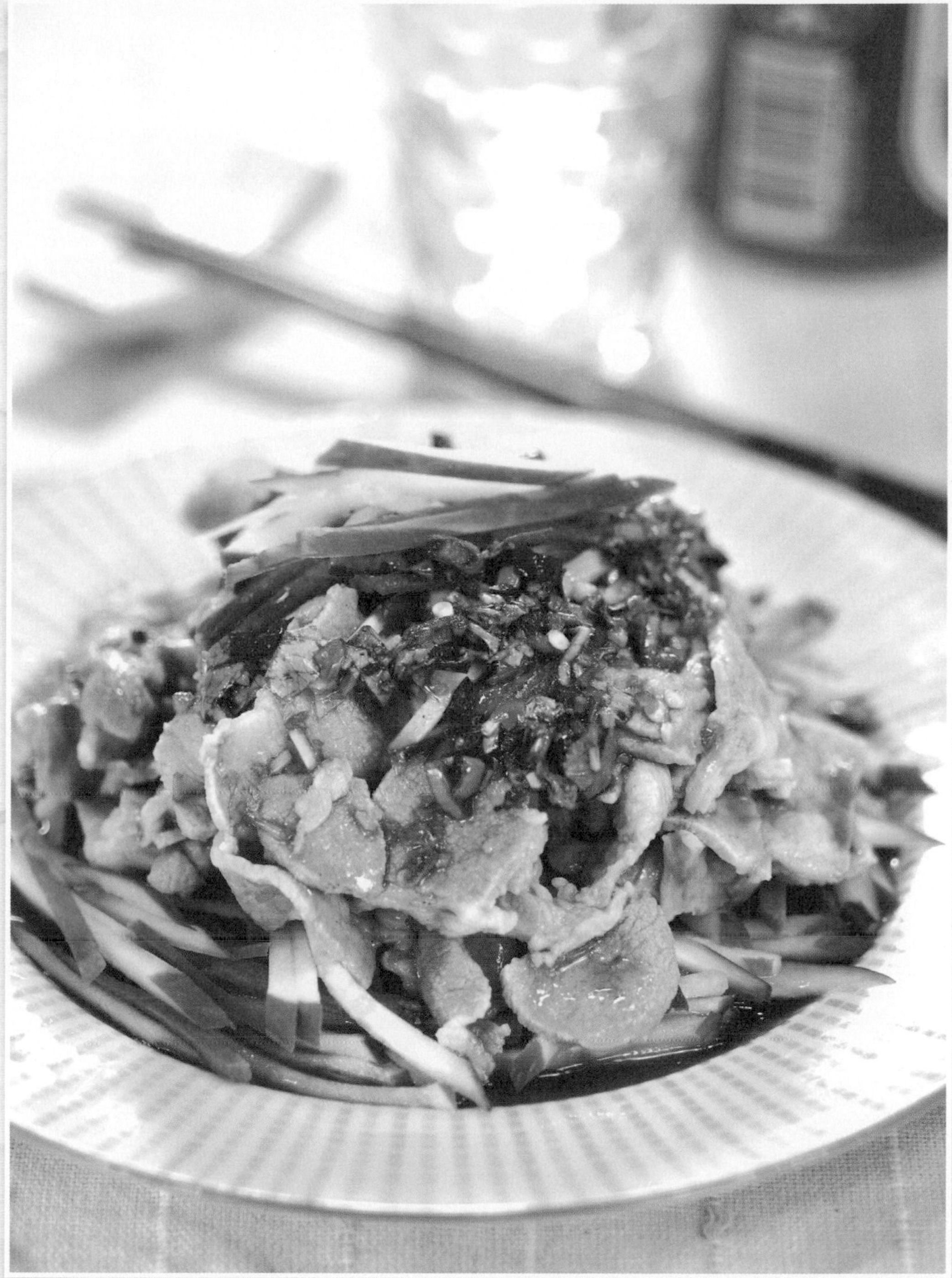

份量

約4人份

材料

火鍋梅花豬肉片300g 小黃瓜1條 紅蘿蔔1/4條
青蔥1支 蒜頭2～3瓣 薑2～3片
紅辣椒1支 香菜3～4株 熟白芝麻1T

醃料

鹽1/4t 米酒1t 太白粉1t

調味料

醬油2T 醬油膏1T 檸檬汁1T 烏醋1T
糖1/2T 花椒粉1/4t 麻油1/2T

做法

1. 火鍋梅花豬肉片切成一口大小，拌上醃料混合均勻，醃漬20分鐘。（1、2）
2. 煮一鍋水，水沸騰後，將豬肉片放入汆燙至熟，撈起放涼備用。（3、4）
3. 小黃瓜及紅蘿蔔切細絲，鋪在盤底。（5）
4. 青蔥、蒜頭、薑、紅辣椒及香菜切末，與調味料混合均勻，即成醬汁。（6～8）
5. 將放涼的肉片鋪在小黃瓜及紅蘿蔔絲上方，淋上醬汁即可。（9）

1

2

3,4

5

6

7

8

9

芹菜乾絲

台灣大街小巷的小麵館都是我喜歡打牙祭的地方，小館子中各式各樣麵點都讓人垂涎，其中豐富多樣的小菜更是不能錯過。很多店沒有雜誌或新聞報導，但是麵點實在、小菜道地，這就是家常料理的特色，天天吃都不覺得膩口，不管是素人師傅或是餐廳大廚，獨特的口味在這些街頭巷弄中的小店中發揮的淋漓盡致。

以豆類製品完成的料理是中式菜餚中的大宗，煎、煮、炒、炸樣樣都可以。豆類製品又以非常多形式呈現，軟嫩的豆腐，紮實有口感的豆腐乾或豆皮，還有切成條狀的干絲。芹菜干絲是幾乎每家麵館都少不了的一道盆頭小菜，干絲軟Q，芹菜芬芳，再加上麻油馨香，絕對是桌上搶手的一味。這也是母親與外婆的拿手小菜，若是一段時間沒吃到還會非常想念。

平時晚餐我會準備一份肉魚類，一份豆腐類製品，再加上一盤蔬菜，一家三口吃的剛剛好。小家庭什麼都要精打細算，一分一毫都不能浪費。豆類製品營養完整價錢便宜，是聰明主婦節約料理的好幫手，善加運用更可以替荷包省下不少費用。

認識食材

芹菜

芹菜選購以菜株硬挺、鮮綠有光澤、潔淨的較佳。保存時以透氣膜或紙張包裹，放入冰箱冷藏室，會有保鮮的效果。芹菜葉中含有豐富的維生素C，食用時可多加利用。加上含有大量的粗纖維，可刺激胃腸蠕動，促進排便。

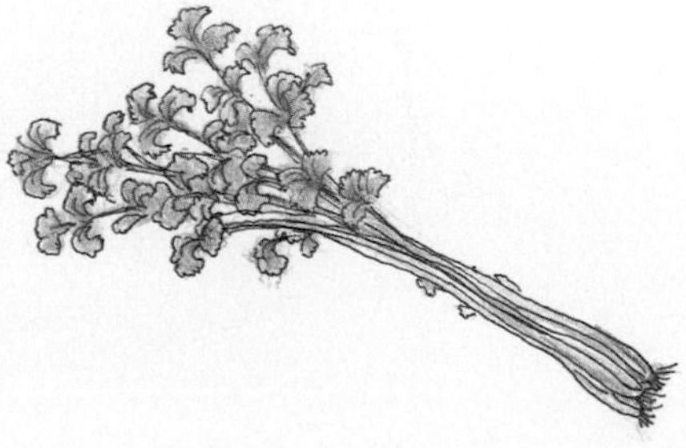

份量
約5～6人份

材料　乾絲300g 芹菜3～4支 紅蘿蔔1/4條

調味料　鹽1/2t 糖1/2t 白胡椒粉1/8t 麻油2T

做法

1. 乾絲用沸水煮5～6分鐘，撈起放涼；將芹菜葉子摘除，切成約4～5公分段狀；紅蘿蔔刨成絲。（1）
2. 芹菜放入沸水中，汆燙10秒撈起；紅蘿蔔放入沸水中，煮1～2分鐘撈起。
3. 所有材料放入大碗中。
4. 依序加入所有調味料混合均勻。（2、3）
5. 放入冰箱，冷藏5～6小時入味即可。

1

2　3

金桔漬白菜

新聞報導，墾丁海灘很多寄居蟹因為遊客撿拾貝殼，所以牠們的家就變成了人類丟棄的瓶蓋或水管。照片中的寄居蟹背著不屬於牠們的家，看著有一點心酸。我相信很多人在撿拾貝殼的時候都是無心的，沒有想到這個小小的舉動卻讓寄居蟹失去了家。下一次到海邊的時候，記得不要帶走任何東西，讓寄居蟹有換殼的機會。

娘家媽媽家有一顆金桔樹，一年四季都開花結果，整顆果樹都結實纍纍。每次回家，我就搬個小凳子，一個人享受這摘果的快樂。帶回家的金桔，可以做冷飲，也可以代替醋涼拌醃漬，為料理增添滋味。

世界一切資源都是有限，我們不要因為一己之私，剝奪了其他物種生存的權利。享受任何東西時，都要抱持感激的心，不可以浪費任何因做為糧食而犧牲的生命。自身小小的改變，會讓地球更好。

認識食材

金桔

金桔為柑橘類水果，初長時為青綠色，熟成為金黃色，故又稱為金柑。結果眾多，滿樹金黃，是年節時期非常討喜的觀賞植物。皮薄汁多，洗乾淨可以連皮一起吃，香氣十足。夏季將金橘榨汁做為飲料，清涼解渴。使用在料理中可以代替醋的使用，促進食欲。

份量
約4～5人份

材料	白菜5～6葉（約400g） 金桔8～10個 鹽1/4t
調味料	白醋1T 糖3T 味醂1T

做法

1. 金桔對切，將汁液擠出。（1）
2. 白菜清洗乾淨，切成約1公分條狀，加入鹽1/4t混合均勻，放置1～2小時自然出水。（2、3）
3. 將產生的水擠出。（4、5）
4. 所有材料放入大碗中。（6）
5. 依序加入所有調味料混合均勻。（7）
6. 放入冰箱，冷藏5～6小時入味即可。（8）

1 2 3 4

5 6 7 8

涼拌素雞

在網路的世界中，互相不認識的人只能夠靠文字來傳達，網路上，可以發表各式各樣不負責任的言語，人與人的交流變的脆弱又不堪一擊。傷害別人，自己是否也同樣受到傷害。

一些無端出現攻擊自己的文字，心情起伏難免受到影響。腦海中反覆出現那些尖銳不實的言詞，憂鬱的心情影響了正常吃飯及睡眠。甚至站在我最愛的廚房都提不起精神，是要如何的大智慧才能夠將這些不愉快拋到腦後，我只是凡人，也許真的做的不夠好。自己拼命忍耐著，憤怒加上不解，甚至想尋求法律來澄清這些無中生有的言論。夜晚無法入眠，尖銳不實的字句像針般插在心上。跟妹妹訴說了這些日子來的委屈，電話那頭的她一字一句給了我重新思考的空間。佛曰：嗔是心中火，能燒功德林。心中的無名火會使得頭腦判斷力減弱，放不開這些恩怨，只會讓自己身處地獄。妹妹一席話讓我瞬間清醒，這一段時間的不愉快除了造成自己受傷，也影響到身邊愛我的家人與朋友。

快樂才可以真正讓人產生正面的能量，為著一切生活瑣事去努力去奮鬥，希望自己永遠不要忘記這樣的心情。當一切煩惱就這麼放開，天空變的更寬廣，我又重新回到我的廚房忙碌起來。不要受到這些負面的影響，能夠依循自己的想法做自己覺得對的事，這才是我該堅持的。

認識食材

素雞

素雞是豆類製品，將豆腐皮一層一層捲成圓棍形，捆緊煮熟製成。因其外觀仿造葷食，口感軟中帶Q顏色皆類似雞肉的質地，故稱為素雞。素雞中含有豐富蛋白質，是素食者最佳營養來源，烹調以涼拌或炒食皆是常見的方式。

份量
約4人份

材料	素雞300g 青蔥2支 蒜頭2～3瓣 紅辣椒1支
調味料	醬油膏1T 辣椒醬1/2T 麻油1T 烏醋1t 糖1/2T 白胡椒粉1/8t

做法

1. 煮一鍋水，水沸騰後，放入素雞，煮2～3分鐘撈起，放涼切片備用。（1、2）
2. 青蔥、蒜頭及紅辣椒切末。（3）
3. 依序加入所有調味料混合均勻。（4、5）
4. 放入冰箱，冷藏5～6小時入味即可。

1

2

3

4

5

麻辣香菜小黃瓜

芫荽俗稱「香菜」，氣味芳香清新，小小一株非常適合入菜提味。別看它毫不起眼，有時候簡單的一盅湯品灑上些許香菜葉末就完全不同，台灣很多料理幾乎都少不了添加一些香菜，除了取其特殊香氣，成品顏色也賞心悅目。一般做菜使用香菜使用份量都不會太多，很少會將香菜當做主角，但是往往買了一盒使用沒有幾次，就擺放到枯萎，非常可惜。

香菜買回家使用多少洗多少，沒有用到的部分用乾淨的紙巾沾一些水包裹起來，放在冰箱蔬果保鮮室中就可以延長保存期限，如果真的沒有其他適合的菜餚添加，直接切碎加二至三顆蛋煎成香噴噴的炒蛋也是個不錯的料理方式。

小黃瓜是最適合涼拌的蔬果，水分多又爽口，夏天來一盤好開胃，只要掌握蒜、醬油、辣油及醋等基本醬料，好吃的涼拌小黃瓜就輕鬆上桌。

認識食材

香菜

香菜又稱「芫荽」，是料理時常使用的香料之一。選購時，以乾淨無雜質，葉片鮮脆亮麗，無爛葉、無斷枝最佳。保存時，先摘掉爛葉，連根一起用報紙或保鮮膜包好，放在冰箱冷藏室保存。或將葉片洗淨，瀝乾水分後，用廚房紙巾包好，再裝進塑膠袋中綁好，或直接用保鮮盒裝好，放進冰箱冷藏室，約可存放一星期左右。

份量 約4人份

材料 小黃瓜300g 香菜2～3株 蒜頭2瓣

調味料 醬油2T 豆瓣醬1/2t 辣椒油1t（做法參見P.304）
麻油1T 烏醋1T 糖1/2t

做法

1. 小黃瓜清洗乾淨去頭尾，用菜刀直接拍碎，切段狀。（1、2）
2. 香菜及蒜頭切末。（3）
3. 蒜頭加入所有調味料混合均勻。（4、5）
4. 小黃瓜及香菜放入碗中，淋上調味醬汁，混合均勻即可。（6～8）

1 2 3 4

5 6 7 8

辣蘿蔔乾

辣蘿蔔乾是外婆的拿手小菜，小的時候雖然不怎麼敢吃辣，但是外婆做的辣蘿蔔乾卻是怎麼都不想放棄的。辣得猛喝水，辣得頭皮發麻，還是往罐子伸手。現在每到白蘿蔔盛產的時候，我一定多買一些，利用充足的陽光就可以曬出好吃脆口的蘿蔔乾，天然又健康。在曬蘿蔔乾的同時，我好像也回到童年，回到汐止那棟老房子中。

記憶中的外婆幾乎一年三百六十五天都在廚房忙，只要在門口就聞的到廚房香。回想小時候過年的情景，一件紅色外套，一袋果汁軟糖，一頓豐盛的年夜飯，外加外公外婆發的紅包，小小的一顆心就被快樂塞得滿滿的。響亮的鞭炮聲從遠處傳來，濃濃的年味在冷空氣中蔓延。一家人圍爐圍住了感情，一年的辛勞和期盼在杯盤交錯祝福聲中劃下句點，心中充滿著對來年的希望。季節流轉，好多好多功夫菜沒有機會再吃到，還好身旁有雙溫暖的大手，有個窩心的孩子，還有一群可愛的貓寶貝，我努力把記憶中的味道記錄下來。比起那個二十歲喜歡名牌年輕的我，我卻真正喜歡現在的自己。我也怕老，也怕臉上的黑斑皺紋，擔心頭上逐漸增加的白髮。但是啊但是，人那能永保青春？

只要盡力精采的活過，那怕只有一瞬間，生命也會永恆。

認識食材

白蘿蔔

白蘿蔔別名菜頭，是食用方式非常多元化的蔬菜之一，可生食，可燉煮煲湯。選購時以表皮清淨，無斑疤，結實飽滿有重量，用手只輕彈有響脆聲的較佳。買回來後若沒馬上烹煮，不需用水清洗，保持乾燥，用紙張或保鮮膜等具有透氣性的材質包裝好，置於陰涼通風處或冰箱冷藏室，約可維持一星期左右。

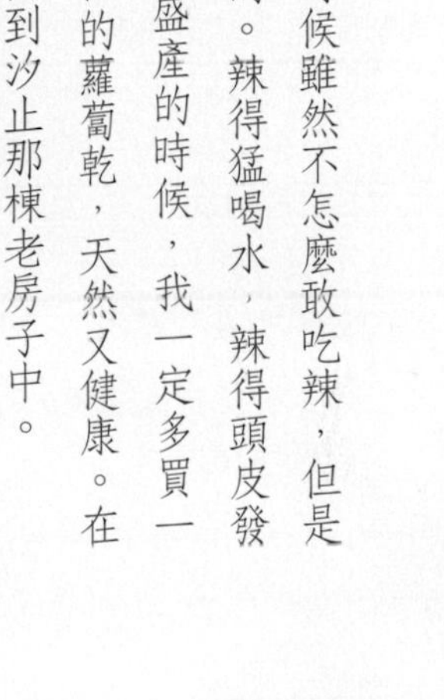

份量
約6～8人份

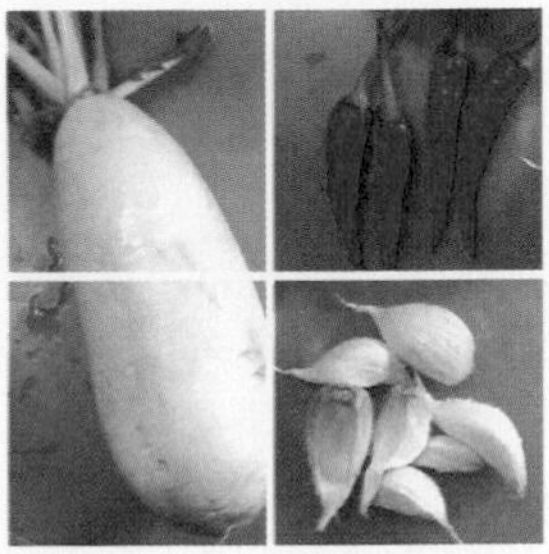

材料
白蘿蔔1條（約1600g） 鹽24g
紅辣椒3～4支 蒜頭6～7瓣

調味料
辣椒醬3T 麻油3T 糖1T

做法

1. 白蘿蔔清洗乾淨，連皮切成約1.5公分丁狀。（1）
2. 加入白蘿蔔重量1.5%的鹽混合均勻。（2、3）
3. 在白蘿蔔上方壓重物7～8小時。（4）
4. 將壓出來的水倒掉，並將蘿蔔鋪在網架上曬1～2天太陽至表面表乾燥稍微皺皮的程度。（5、6）
5. 紅辣椒切段；蒜頭切末。
6. 將蘿蔔、紅辣椒及蒜末放入碗中，加入所有調味料混合均勻。（7～9）
7. 放入冰箱，醃漬2～3天入味即可。（10）

1 2,3 4 5

6 7 8,9 10

糖醋藕片

年輕的時候身體新陳代謝快速，好像不怎麼需要運動或節制飲食就可以維持標準體重。現在已經漸漸到了不適合大口吃肉大口喝酒的年紀，稍微不加以注意就塞不進牛仔褲中，還是要多吃點高纖維的蔬菜水果來幫助體內平衡。

沒結婚前的我吃東西非常我行我素，我只吃想吃的，喜歡吃的，並不怎麼重視食材均衡，有時候一碗麻醬麵或十顆水餃就解決一餐。不過跟老公交往之後，他對每一餐都要求有均衡的蔬菜。久而久之被他影響，我也開始注意材料的平衡。餐點中除了必須的蛋白質及澱粉，也必定搭配大量的新鮮蔬果，習慣會成自然，現在的我每餐若看不到蔬菜可是會哇哇叫。

適合涼拌的蔬菜不少，但要口感如蓮藕這般特別爽脆的應該找不到幾種。蓮藕是蓮花的肥大的地下莖部位，中間有一些大大小小的孔洞，切開會有絲線相連。帶有微微的甜，生食涼拌吃起來爽口，熬湯蒸煮軟糯又是另一種口感。蓮花從花、葉、根、莖到果實自古以來樣樣都是寶，藥用價值相當高。簡單的涼拌加上檸檬清新的調味，這道糖醋藕片好開胃！

認識食材

檸檬

檸檬是柑橘類水果，常綠灌木，果實為橢圓形，果皮為綠色或黃色有光澤，皮薄具有芳香氣味，果肉極酸，含有大量的維他命C。果實主要為榨汁用，有時也用做烹飪調料，加入檸檬汁，可以達到去除腥味或代替白醋調味的作用。檸檬外皮富含油，具特有的檸檬香氣，榨完汁液剩下的檸檬皮放在冰箱中可以消除異味。

份量
約4人份

材料 蓮藕600g 檸檬1個 紅辣椒1支

調味料 白醋3T 糖6T

做法

❶ 檸檬榨出汁液（約40cc）。
❷ 蓮藕清洗乾淨，刨去外皮，切成厚約0.3公分片狀；紅辣椒切片。（1）
❸ 先備冰塊水。另煮沸一鍋水，將蓮藕汆燙15秒撈起，放進冰塊水中漂涼撈起。（2、3）
❹ 將蓮藕及紅辣椒放入碗中，加入所有調味料混合均勻。（4、5）
❺ 放入冰箱，醃漬1～2天入味即可。（6）

1

2

3

4

5

6

涼拌大黃瓜

下午陽光亮眼，什麼事也不想做，我躺在落地窗前跟貓咪們一塊曬冬陽。金色陽光灑在牠們的身上亮晶晶，每一隻都瞇起眼睛靜靜享受這一段時間難得的好天氣。好多的衣物待洗，洗衣機忙著轟隆轟隆的運轉，毛巾被單都要趁這兩天清洗乾淨。我沉浸在老電影《魂斷藍橋》中，雖然黑白片沒有顏色，劇中的情節卻色彩繽紛。收音機中傳來法蘭克辛那屈絲綢般的聲音給我溫暖，小小的家就是我的城堡，再多金錢也換不到這樣的快樂。

夏天的蔬果少不了大黃瓜，大黃瓜又稱為胡瓜或刺瓜，水分多又清甜，為炎夏平添幾許清涼之意。鄰居楊姐教我的這一道涼拌菜，一吃就愛上了。從此大黃瓜不再只是清炒或煮湯，涼拌的口感更有一番清脆甜美的滋味。

認識食材

大黃瓜

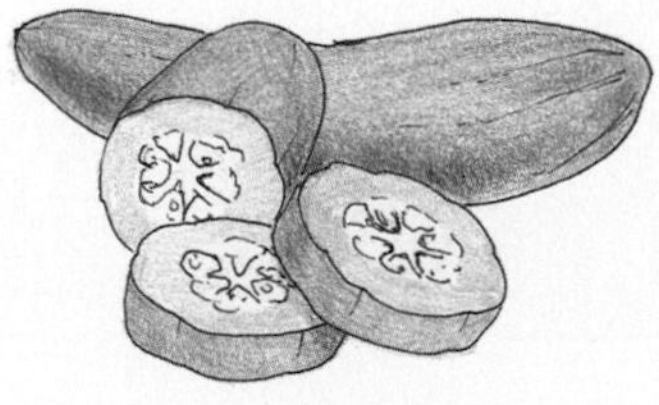

大黃瓜又稱為「刺瓜」，為一年生葫蘆科蔬菜。含水量極高，夏季食用清涼退火，具驅暑利水之功效。食用前將外皮及內裡的籽去除，可以生吃涼拌或炒食、煮湯皆宜。

份量
約4人份

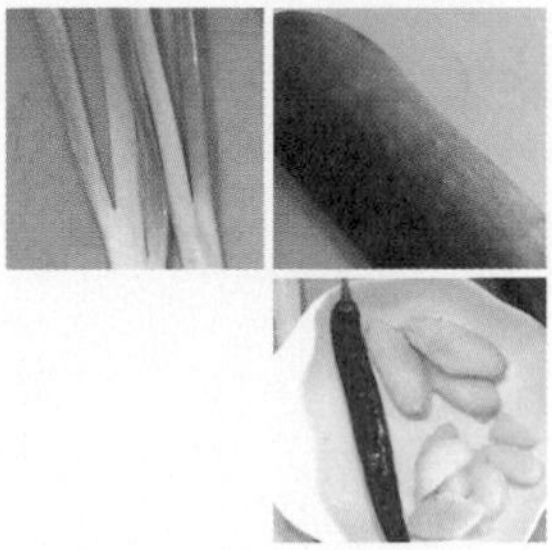

材料	大黃瓜1條 青蔥1～2支 薑3～4片 蒜頭2～3瓣 紅辣椒1支
調味料	醬油1T 米酒1T 白醋1T 黃砂糖1t 香油2T 鹽1/2t

做法

1. 大黃瓜去皮去籽，切成約0.1公分的薄片；青蔥、薑、蒜頭切細末；辣椒切片。（1）
2. 大黃瓜灑上1/2t的鹽混合均勻，放置30分鐘自然出水後，再把大黃瓜醃出來的水分倒掉。（2）
3. 將所有配料及調味料放入碗中攪拌均勻。（3、4）
4. 放入冰箱，冷藏2～3小時入味即可。（5）

1

2

3

4

5

洋菜拌三絲

這是媽媽及外婆在夏天就會準備的涼菜，兒時的我吃到洋菜條都會開玩笑說是塑膠片。洋菜其實是豐富膠質的海藻類植物，除了涼拌入菜，也可以做一些清涼的果凍甜點，例如傳統的中式甜點杏仁豆腐就少不了洋菜。洋菜富含膳食纖維，屬於水溶性食物纖維，能產生飽足感，變成現在很多愛美女性喜歡的瘦身食品，其實很多東西本來就是對身體有益，但往被報章雜誌一炒作，冠上健康食物的頭銜，價錢也相對水漲船高。聰明的主婦只要均衡的採購各式各樣新鮮材料，不需要特別補充某些營養就能夠照顧到全家人的健康。

這道料理簡單又爽口，材料也是家中很常見的，多準備一點就是隨吃隨拿的小菜。我在廚房中總是可以回味只有家才能帶給我的好味道。

認識食材

洋菜

洋菜是由海藻與石花菜等海草類提煉乾噪而製成，含有豐富的膠質、鈣質、磷、鐵質等。外觀為半透明條狀，加熱會融化，可以添加在果凍或是羊羹等甜點中。將洋菜直接泡軟與蔬菜等食材混合可以做成涼拌菜，熱量低適合減重的人食用。

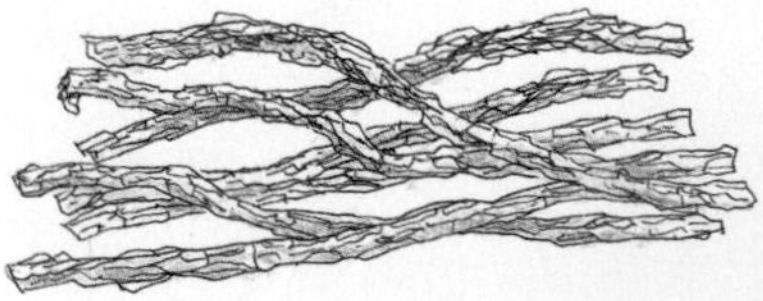

份量
約2人份

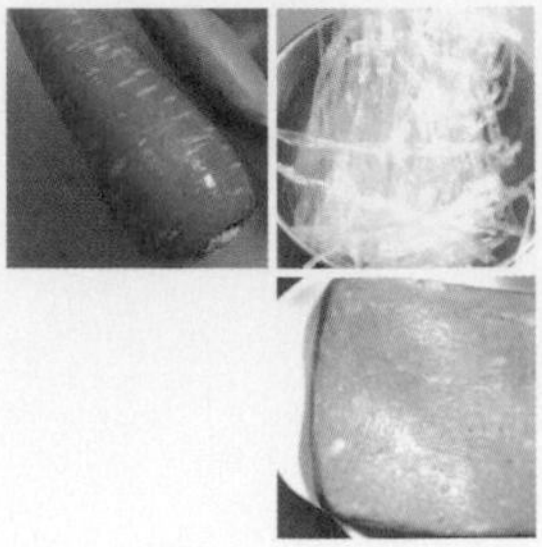

材料
洋菜條10g 小黃瓜1條
紅蘿蔔1/2條 火腿片2片

調味料
蒜頭2瓣 醬油1T 烏醋1T
麻油1T 細砂糖1t

做法

1. 洋菜條剪成3～4公分段狀，泡入冷開水中約1小時，使其軟化（水量必須淹沒所有洋菜）（1）
2. 小黃瓜、紅蘿蔔洗淨切成細絲；火腿片切成細絲，切好後，先放冰箱冷藏備用。（2）
3. 泡軟的洋菜條撈起，瀝乾水分。
4. 蒜頭切成末，與所有調味料混合均勻。（3、4）
5. 將事先準備好的材料全部放入大碗中。（5）
6. 淋上調味料混合均勻，放入冰箱，冷藏1～2小時入味。（6～8）

小叮嚀。。。

・洋菜條在大賣場、超市都有販賣，有些包裝名稱叫「寒天」。

1

2

3,4
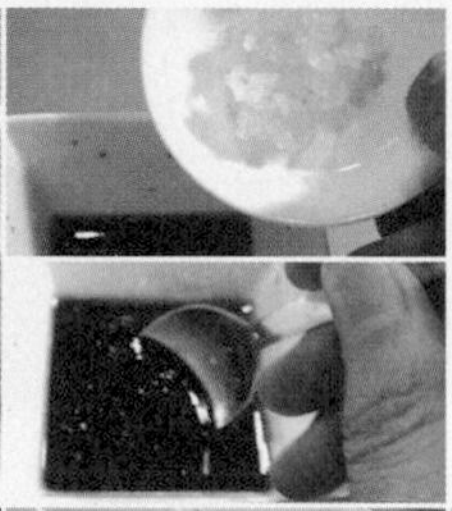

5

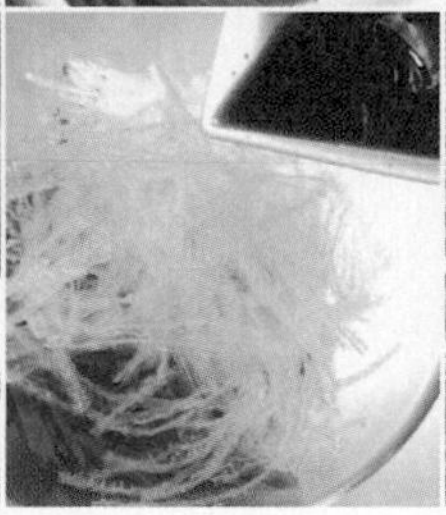
6

7

8

涼。筍。沙。拉。

母親非常愛吃筍，印象中她做的很多好菜都有筍子的蹤跡。冬筍雞湯：雞湯甘，冬筍甜，相輔相成。四喜烤麩：冬菇及冬筍，交織出一盤素淨的年菜。筍子選的好，肉質細嫩清甜，有一股清香的特殊風味。除了新鮮的直接食用，也可以曬成筍乾，或醃漬發酵成為加工品，做成各行各業佐餐的菜餚。筍子在台灣一年四季都可收成，種類也非常多，綠竹筍、麻竹筍、桂竹筍及箭筍等等，口味各有特色。

住的地方附近正是綠竹筍盛產的地方，有時候早起到市集就正好遇上清晨現挖的竹筍。還帶著露水及泥土的綠竹筍是極品，吃過一次就知道美味。挖竹筍天沒亮就要出門，趁筍尖尚未破土就要採收，否則一旦照射到日光，筍子會變的苦澀。

炎熱的夏天來一盤沙拉涼筍真是最大的享受。煮筍子的時候加上米糠與少許鹽一同燉煮，利用米糠中的鈣質和竹筍的的乙二酸（草酸）結合後就可以去除筍子中的苦澀味，綠竹筍清甜鮮嫩更好吃。

我超愛筍子，熱量低又高纖維，一個人就可以包辦一整盤！

認識食材

竹筍

由於竹筍具有多纖維、少熱量、少脂肪的特色，能促進腸道蠕動，幫助消化，防止便祕，還能吸收油脂，預防脂肪堆積，降低膽固醇，所以是很多人喜愛的健康食材。選購時，要檢查竹筍的節，如果節與節之間距離越近，則表示筍越嫩。但由於存放不易，纖維會隨著保存時間越久老化越多，買回來後即使尚未準備入菜，建議不剝殼先行煮熟，待涼後瀝去水分，依每次預計使用量分裝，盡早食用為佳，才能保有竹筍的清甜味道。若想延長時間，則將竹筍切成小塊放進冰箱冷凍室，可保存約一個月時間，清甜味或許可保留，但獨特的脆度會因為冰晶而破壞，只能做為湯品材料。

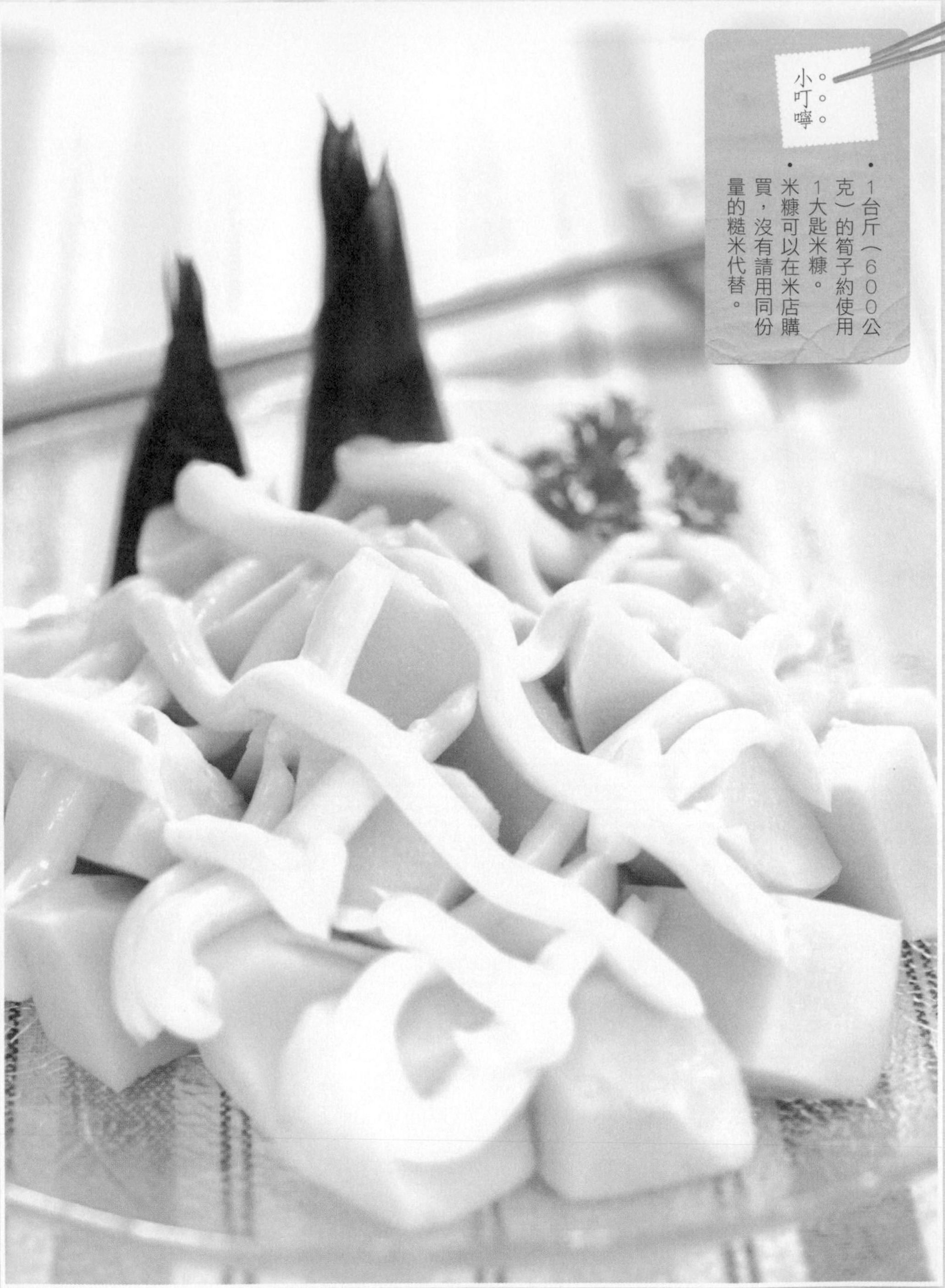

小叮嚀。。。

- 1台斤（600公克）的筍子約使用1大匙米糠。
- 米糠可以在米店購買，沒有請用同份量的糙米代替。

份量
約8～10人份

材料
綠竹筍（帶殼）1800g
米糠（或糙米）3T 鹽1t

沾醬
沙拉醬適量

做法

1. 準備一個拋棄式茶葉袋，將米糠裝入茶葉袋包好。（1、2）
2. 竹筍洗乾淨，放入鍋中，倒入足量的水（水必須完全淹沒竹筍）。（3）
3. 放入鹽，蓋上蓋子，直接以冷水煮至沸騰後，關小火，再煮50分鐘。（4）
4. 煮好後，靜置到完全冷卻，就可以將竹筍撈起，放入冰箱冷藏。（5）
5. 要吃之前，將筍殼剝除，筍身周圍硬皮切除，再切成塊狀。（6～9）
6. 擠上自己喜歡的沙拉醬即可。

1,2
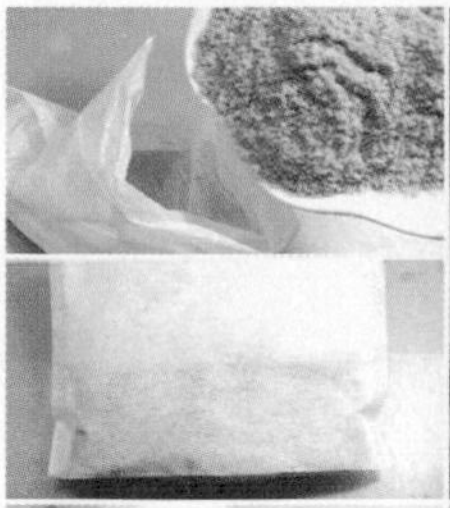

3

4

5

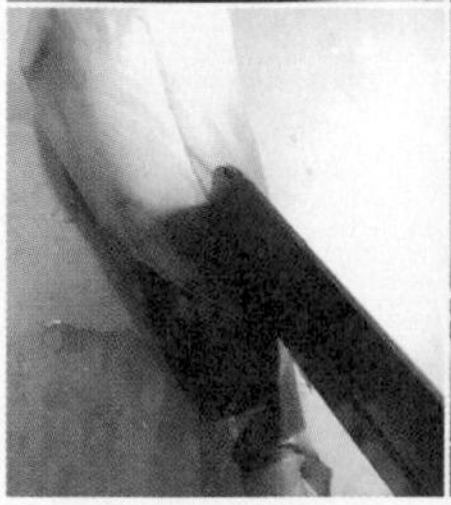
6

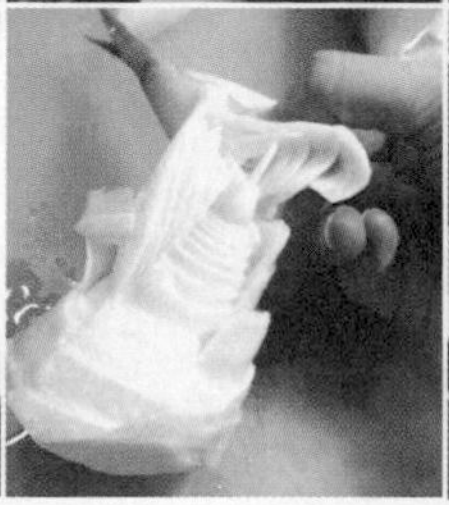
7

8

9

涼拌茄子

剛結婚時，我跟老公買了些簡單的家具，兩邊的媽媽各給了一些餐具碗盤，我們就像辦家家酒似的開始了小家庭生活。雖然從小喜歡在媽媽身邊看她做菜，但是要自己獨撐大局還是頭一遭。我買了些食譜，用功的研究，希望也能像媽媽一樣為家人準備可口的餐點。

還好老公好嘴斗，對我做的料理從不挑剔，讓我愛上廚房，即使工作忙碌也願意下班趕回家洗手做羹湯。一天工作結束，兩個人在餐桌上就得到無比的快樂。雖然這個家不是美屋華宅，但是每一個角落卻處處有著我們付出的心血及夢想，四隻手一點一滴構築成長。

世界如此廣闊，無論身在何處，只有「家」這個小空間是心靈的歸屬，永遠張開雙臂溫暖每一顆疲累的心！

蒸過的茄子依然紫的嬌豔，冰涼的吃很可口。我一個人就可以吃完一盤，好吃又不用擔心熱量！

認識食材

茄子

茄子是一種屬較軟的海綿體蔬菜，必須汆燙過或者炸過之後才能將原色保留，而透過瞬間的汆燙才會軟化，料理起來才會滑口好吃。用剩下的茄子可用密封袋裝好，放進冰箱內的蔬果保鮮室冷藏保存，就不會讓茄子因而流失水分與光澤。

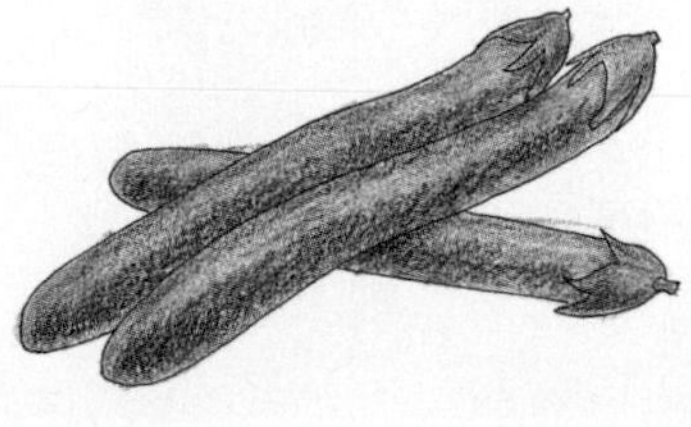

份量

約4～5人份

材料　茄子3條（約350g）

醬料　青蔥1支　紅辣椒1支　蒜頭3瓣
醬油1T　烏醋1T　麻油1T　糖1t

做法

❶ 茄子約4～5公分切成一段，每一小段再切對半。平鋪在大盤子中，燒一鍋滾水（不要鋪太厚，以免蒸不透，若盤子不夠大，可分兩次蒸）。（1、2）

❷ 等蒸鍋中水大滾後，將茄子放進盤子，用大火蒸5分鐘即可取出（時間超過顏色無法保持）。（3）

❸ 完全涼透後，放入冰箱冷藏。

❹ 青蔥、紅辣椒及蒜頭分別切末。（4）

❺ 將調味料部分及切好的青蔥、辣椒、蒜頭混合成醬汁。（5~7）

❻ 要吃之前，將醬汁淋在冰透的茄子上即可。（8）

1

2

3

4

5

6

7

8

涼拌大頭菜

假日的午後，Leo去參加學校音樂社團發表會，老公去游泳，只有我一個人在家。黃澄澄的太陽光透過樹葉灑下，露台傳來陣陣的蟬鳴，家裡雖然沒有冷氣，但心情寧靜自然涼。我和貓咪偎在窗邊，思緒飛的老遠，靜靜享受這份悠閒的時光。家就是小小的城堡，幸福滿溢。

每天在廚房想的都是如何把四季的材料做成可口的料理，這就是我現在最重要的功課。有時候白天苦思不得其解的一些料理難題，晚上做夢竟然會夢到解法，可見我腦子中天天都在構思廚房的一切，真是日有所思，夜有所夢。廚房是一個家的中心，每天全家最重要的時刻就是在餐桌上，而廚房就是這個製造美味料理的魔法室。多一點鹽，少一點糖，就產生千變萬化的組合。日復一日，我在廚房中累積屬於自己味道的記憶。

根菜類的大頭菜也稱為「蕪菁」，口感又脆又甜，最適合生食做一些醃漬的料理。冰箱隨時準備一盆這樣的小菜永遠都吃不膩，入口甘脆，是餐桌上搶手的一道醃菜。

認識食材

大頭菜

大頭菜是蕪菁的俗稱，也稱為結頭菜，為十字花科蕓薹屬的草本植物，莖部肥大如球狀。大頭菜高纖維熱量低，含水極高，適合醃漬涼拌或炒煮食用。

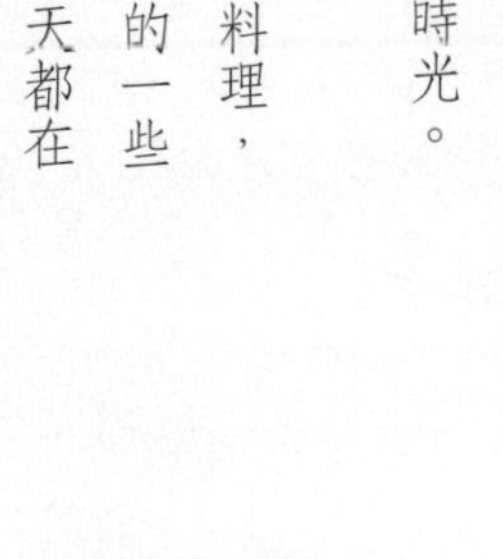

小叮嚀。。。
• 不喜歡辣，可以將辣豆瓣醬用豆瓣醬代替。
• 保持拿取乾淨，冰箱冷藏約可保存10天。

份量
約5～6人份

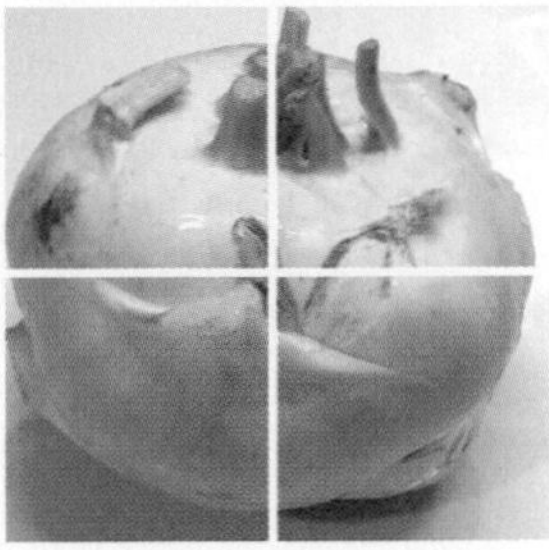

材料	大頭菜500g 鹽1/2t
調味料	辣豆瓣醬2T 黃砂糖（或細砂）40g 醬油1t 麻油1T

做法

1. 大頭菜去皮，將硬纖維仔細去除，切成約0.3公分片狀。（1）
2. 加入1/2t鹽混合均勻。（2、3）
3. 在大頭菜上方用一個重物壓住，放置2～3小時自然出水。（4）
4. 將壓出來的水倒掉。（5）
5. 加入調味料混合均勻。（6～8）
6. 放置到冰箱中，冷藏1～2天完全入味即可（中間可以翻一下，會入味的更均勻）。（9）

1 2,3 4 5

6 7 8 9

涼。拌。海。哲。皮。

過年是小時候最開心的記憶，除了拿紅包之外，還可以跟許久不見的表哥表妹碰面，還有好多好吃的零食，真是孩子們的天堂。長大之後對年的感覺越來越淡薄，但是腦海中還是記得兒時的美好。雖然現在過年兩邊的父母都選擇去餐廳圍爐，不過我還是希望把屬於自己的年味好好記錄下來。

如果以後我們吃的料理，全都是機器大量生產製作，再也沒有媽媽親手做的味道與記憶，就算料理本身再好吃也是沒有靈魂，沒有任何意義。

這是外婆及媽媽過年或請客時一定會準備的涼菜，在豐富的大菜中是道爽脆又可口的小菜，咬在口中卡茲卡茲很過癮。我們一般食用的海蜇皮是根口水母的一種，主要成分是含量高達百分之七十的膠原蛋白，熱量相對很低，是營養價值非常高的水產食品。

時間轉啊轉，改變的是歲月留下的痕跡，但是不變的是我心中永遠的彩色萬花筒。

認識食材

海蜇皮

海蜇皮是由一種大型水母製成的海產品，水母外觀呈現傘狀，身體呈現半透明狀。水母補獲後加工再用鹽醃漬即成為海蜇皮。海蜇皮富含碘及蛋白質，在吃之前一定要用大量清水沖洗乾淨，洗去多餘鹽分及雜質，切成絲再用熱水汆燙，即可與其他材料佐料涼拌食用。

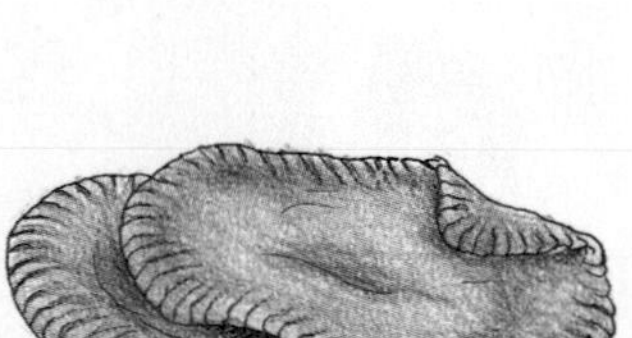

份量

約4～5人份

材料

海蜇皮（Jelly fish）300g 白蘿蔔300g
小黃瓜1條 紅蘿蔔60g

醃料

醃白蘿蔔 鹽1/2t

調味料

醬油1.5T 烏醋1.5T 麻油1.5T
糖1T 蒜頭2～3瓣 白胡椒粉1/8t

做法

1. 海蜇皮泡冷水5～6次軟化（約30分鐘換清水一次）。（1）
2. 白蘿蔔、紅蘿蔔及小黃瓜分別切絲。（2）
3. 白蘿蔔加上1/4t鹽混合均勻，放置30分鐘出水。（3）
4. 將白蘿蔔醃出來的水倒掉擠乾。（4）
5. 蒜頭切末。（5）
6. 將蒜及調味料混合均勻備用。（6、7）
7. 泡製軟化的海蜇皮切成細絲。（8）
8. 然後使用溫開水（約50℃）將海蜇皮燙一下，瀝乾水分（水溫不可過高，以免海蜇皮燙至口感變差）。（9）
9. 將所有切好的材料放入盆中。（10）
10. 淋上調好的蒜頭醬油，混合均勻即可。（11～13）

小叮嚀。。。

・乾海蜇皮可以在迪化街或是傳統市場的乾貨店購買。

1 2 3 4

5 6 7 8

9 10

11 12 13

鮪魚洋蔥沙拉

家附近的超市促銷洋蔥，一個才五元。看了忍不住就多拿幾個。平時冰箱隨時都會放一、兩個洋蔥，除了做西式料理必備，偶爾與肉類熱炒都會用的到。每一次切洋蔥末都讓我淚眼汪汪，總是到切的時候，才想起可以先放冰箱冷凍一下才不會噴灑汁液。

生洋蔥的營養比炒熟的洋蔥多很多，能夠的話直接生食對身體非常有幫助的，不過生的洋蔥辛辣口感總讓人退避三舍。

擔心生洋蔥辣口，用冷水浸泡一段時間就可以改善，而且還非常清甜。平時無法入口的生洋蔥與鮪魚罐頭搭配，Leo也可以一口接一口。夏天來一盤，精力充沛~

認識食材

鮪魚罐頭

鮪魚又名金槍魚或吞拿魚，分布在印度洋、太平洋中部與大西洋中部、屬於熱帶-亞熱帶大洋魚類。鮪魚罐頭是由鮪魚精肉混合鹽及食用油加工製成，分為油漬及水煮二種，是非常普遍也容易購買的保存食物。鮪魚含有豐富的DHA、鐵質及維生素B12，營養價值高。

份量
約4～5人份

材料	洋蔥1個（約200g） 小黃瓜2條（約200g） 蒜頭1瓣 鮪魚罐頭1罐（油漬或水煮皆可，約170g） 熟白芝麻1/2T 醃小黃瓜的鹽1/4t 冷開水適量
調味料	醬油1t 味醂1t 麻油1t

做法

1. 洋蔥去皮後對切，再切成薄薄的絲狀；小黃瓜切粗絲；蒜頭切末；鮪魚罐頭將湯汁瀝乾，搗碎備用。（1）
2. 小黃瓜加入1/4t鹽混合均勻，靜置30分鐘，去除多餘的水分。（2～4）
3. 洋蔥絲倒入適量冷開水浸泡，放入冰箱靜置30～40分鐘（水量必須完全淹沒洋蔥）。若怕洋蔥會辛辣，冷開水可以多換兩次，浸泡時間可以延長。（5）
4. 完成的小黃瓜及洋蔥撈起，瀝乾水分，放入盆中。（6）
5. 依序加入蒜末及調味料混合均勻。（7～9）
6. 最後加入鮪魚及熟白芝麻混合均勻即可。（10、11）

。小叮嚀。

・味醂為日式調味料，一般超市都可以購買，沒有請使用糖1/2小匙＋米酒1/2小匙代替。

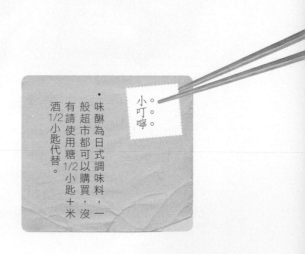

1

2

3

4

5

6

7

8

9

10

11

糖。醋。蘿。蔔。絲。

紅蘿蔔跟白蘿蔔相比，很多小朋友比較喜歡白蘿蔔，因為紅蘿蔔水分少又帶有一點生澀的味道。但是其實紅蘿蔔營養很好，含有β胡蘿蔔素，還有「小人蔘」之稱，足見其保健功能。紅蘿蔔在料理中很少成為主角，大多是做為配料增添整體的色彩，為菜餚添加畫龍點睛的效果。

小的時候我也不喜歡紅蘿蔔，千方百計將媽媽切碎的紅蘿蔔挑出來。媽媽為了讓我們多吃一點，花了很多心思把我們不愛的蔬菜努力做變化，就怕我們營養不均衡。在我身邊有很多的媽媽朋友們，即使每天要辛苦的上班，但是下班回到家中，依然挽起袖子為家人洗手做羹湯，擔心外面買的東西有過多添加劑也要親手烘烤蛋糕麵包，甚至忙到半夜也不喊累。媽媽是一個家庭的中心，守護家的支柱。

好熱的天，桌上一定要準備盤涼爽的小菜，增加食欲也增加纖維。紅白相間的涼拌蘿蔔絲，酸酸甜甜讓筷子停不下來。

認識食材

紅蘿蔔

選購紅蘿蔔時，以形狀圓直無腐爛，表皮完整，沒有長出根鬚的最好。買回來後若沒馬上烹煮，不需用水清洗，保持乾燥，用紙張、塑膠袋或蔬果專用袋包裹好，放入冰箱冷藏室，約可存放二至三星期左右。是少數可長期存放的蔬菜品種之一。

份量
約3～4人份

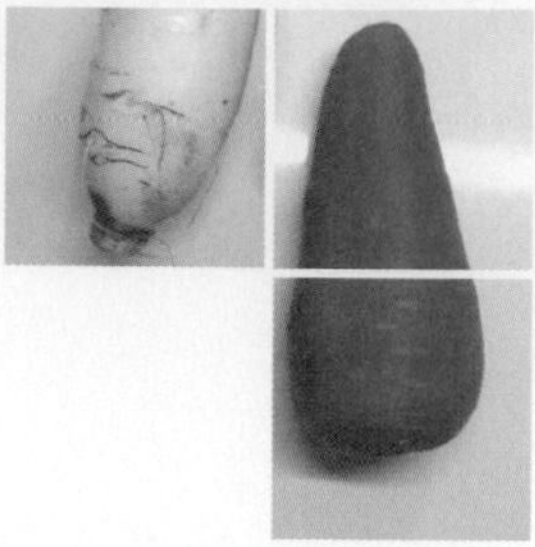

材料　紅蘿蔔200g 白蘿蔔400g 鹽1/2t

調味料　糖60g 白醋50g

做法

1. 紅、白蘿蔔洗淨削皮；紅蘿蔔刨成粗絲；白蘿蔔切成約0.3公分條狀（因為白蘿蔔水分多，若刨的太細，一醃體積會縮的太小）。（1～3）
2. 加入鹽混合均勻。（4、5）
3. 上方用重物壓著放置1.5～2小時出水。（6）
4. 將壓出來的水分倒掉，多餘的水分擠出。（7、8）
5. 加入調味料混合均勻，放入冰箱冷藏1～2天入味即可。（9～11）

1,2　3　4,5　6

7,8　9　10　11

Part

4

炸物

料理

酥。脆。香。排。色。嫩。黃。

炸豬排

母親的炸豬排是永遠的美味，豬排肉質敲打過所以非常鬆軟，麵包粉細細裹上炸到香酥，從小到大不管吃了多少年還是覺得津津有味。除了搭配白飯最棒，烤兩片吐司抹些沙拉醬又變化成另一種日式風味吃法。

我跟妹妹很幸運的在成長過程中一直有母親細心的照顧呵護，我們每天回到家就有熱騰騰的飯菜享用，不管是在學習中或是工作過程都有母親貼心的叮嚀給予意見建議。即使現在，雖然自己有了家，但是跟母親通電話聊聊生活中的大小事就是我最珍惜的時候。

在我們數十年的人生過程中，很多事情會被我們遺忘，也有很多朋友會慢慢消失甚至變的陌生，只有家人不會離開，永遠無私的在背後支持著我們。在我遇到挫折困難的時候，母親總是我最好的聽眾，在原處張開雙手給我最大的鼓勵與溫暖的呵護。

認識食材

豬里肌肉

位於豬體腰部最大、最長的肌肉，肉質細緻並且夾雜適當的油花，相當牛的沙朗部位。肉質鮮嫩，是豬肉中最有價值的部位，脂肪少，適合用醃漬、炸豬排、燒烤料理。

份量

約4人份

材料	豬里肌肉片300g 青蔥1支 蒜頭2瓣
沾料	低筋麵粉2 T 雞蛋1個 麵包粉100g
調味料	醬油1.5T 米酒1/2T 糖1/2t 白胡椒粉1/4t

做法

1. 青蔥切段；蒜頭切片。
2. 豬里肌肉片用刀背輕斬敲薄（此步驟會讓成品更軟嫩）。（1）
3. 加入青蔥、蒜頭及所有調味料混合均勻，醃漬1小時入味。（2、3）
4. 雞蛋打散成蛋液。
5. 醃漬完成的豬肉片先沾上一層薄薄的低筋麵粉，再沾一層蛋液，最後再沾附一層麵包粉，用手壓緊。（4～7）
6. 鍋中倒入約200cc的油，油熱後放入豬排，一面約煎3～4分鐘再翻面。（8、9）
7. 將豬排兩面煎至金黃色即可。（10）

1 2,3 4 5

6 7 8,9 10

炸物

甘梅薯條

提起番薯就會想到台灣，番薯的形狀活脫脫就是台灣地形外貌。番薯富含豐富的澱粉，直接蒸烤或油炸都是簡單又常見的吃法。番薯除了根部，嫩葉也是可以食用，水煮汆燙拌點蒜頭香油就是一道常見的家庭料理。早期農業社會番薯大多是當做飼料，但是在講究健康飲食的現在，番薯高纖維的特點馬上榮登健康食材的寶座。我也喜歡番薯自然香甜的口感，做甜點麵包也常常添加，希望家人吃得好也吃得健康。

第一次看到加了酸梅粉的炸薯條，心裡覺得這會好吃嗎？但是有一回偶爾在夜市吃過一次就驚為天人，沒想到炸的香甜的番薯竟然跟酸甜的梅粉這麼合。味覺真的很奇怪，有些材料的組合怎樣都不對，有些看似不搭的組合卻是人間美味。對於味道，我有一些偏好，好像我喜歡甜中帶鹹，喜歡帶辣的口感，喜歡酸甜的組合。

認識食材

番薯

番薯也稱為地瓜，是一種耐旱容易栽培又抗病蟲的作物，含有豐富的膳食纖維可促進腸道蠕動清解宿便，所含的DPEA可紓解婦女更年期症狀、預防心血管疾病；生物類黃酮（維生素P）則是天然抗氧化劑，是一種經濟的天然健康食品。

份量
約3～4人份

材料
番薯600g 酸梅粉適量

麵糊
低筋麵粉50g 玉米粉50g
帕梅善起士粉（Parmesan Cheese）1T 水100cc

做法

1. 番薯去皮，切成約1公分的寬條狀。
2. 低筋麵粉、玉米粉與帕梅善起士粉放入盆中，用打蛋器混合均勻。（1、2）
3. 倒入水，混合成均勻的麵糊。（3、4）
4. 放入番薯條，沾裹上一層麵糊。（5）
5. 鍋中倒入約300cc的油，油熱後依序放入薯條，約炸8分鐘至金黃色。（6～8）
6. 要吃之前，灑上適量的酸梅粉混合均勻即可。（9）

1

2

3,4
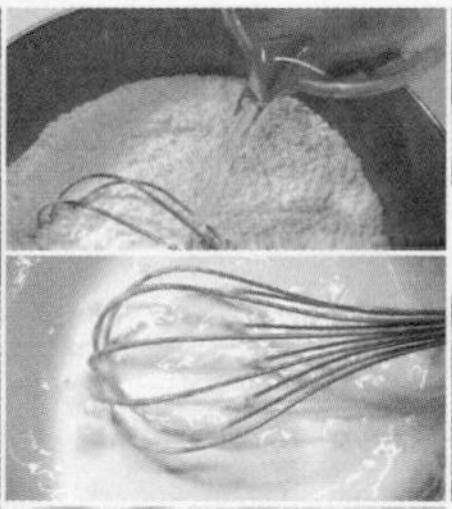

5
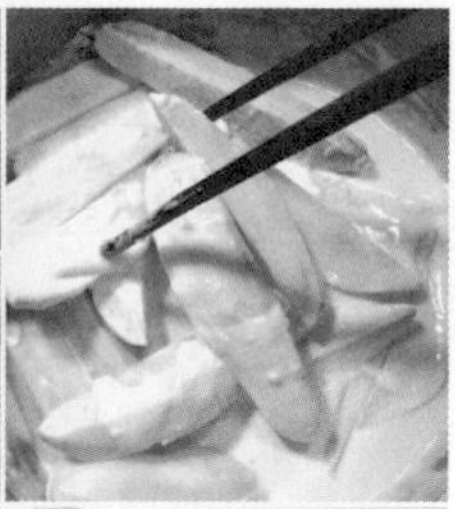

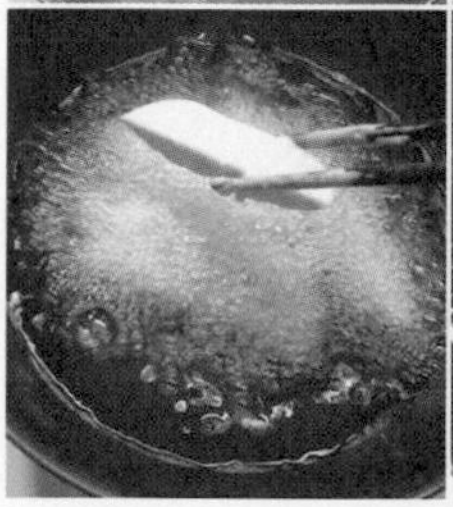
6

7

8

9

炸物

排。骨。酥。

飲食這件事佔據了生活中很大的一部分，一天中從早上開始就不停的要攝取各式各樣的食物。除了維持體力所需，飲食也提供了人與人的交流，心情好的時候，或是重要的慶典或值得紀念的日子，免不了招呼親朋好友齊聚一塊分享彼此的喜悅。好吃的料理為這些精采的時刻增添了難忘的記憶。所以吃不只是吃飽這麼簡單的事而已，我們的生活與吃習習相關，飲食生活的提昇也代表了社會進步。除了口味創新，當然也必須將傳統的料理保留，藉由一雙雙料理人的手，這個世界會更美好多滋味。

台灣的夜市充滿生命力，吸引著各個地方的人及觀光客，逛夜市的時候總會被各式各樣的小吃誘惑，我喜歡來一袋現炸的排骨酥。這是正港的台灣味，跟鹽酥雞有異取同工之妙。沒有辦法出門去夜市又嘴饞的時間，那就自己動動手吧！讓夜市的好滋味也能夠在家重現！

認識食材

豬小排

或稱豬肋排，是位在豬胸部後方靠近小里肌的排骨，此部位肉較厚，有些端部還帶有軟骨，烹煮後會由骨頭中會釋放出骨髓或膠質，風味甘甜。因為骨頭周圍的肉質特別軟，而且久煮不會變形，非常適合醃漬入味後燒烤做烤肋排或是滷煮至軟爛或剁成小塊油炸等料理。

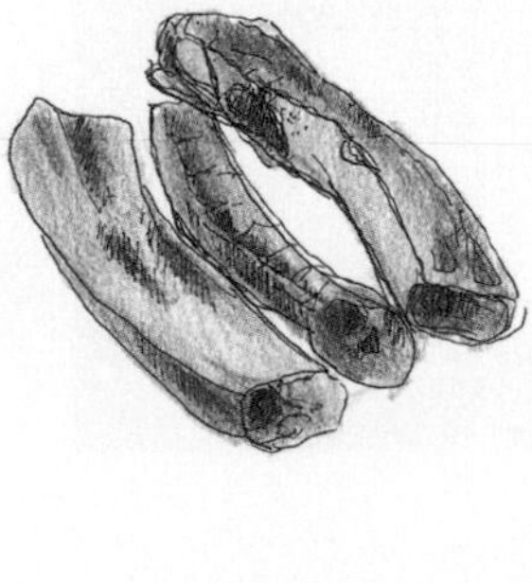

份量

約6～8人份

材料	豬小排1200g 雞蛋1個 青蔥2支 蒜頭3～4瓣 薑2～3片 炸油300cc
醃料	醬油3T 米酒2T 鹽1/4t 糖2T 麻油1T 五香粉1/4t 白胡椒粉1/8t
沾粉	地瓜粉200g 中筋麵粉100g

做法

1. 青蔥切段；蒜頭切片。
2. 依序將所有材料及醃料加入小排骨中，混合均勻。（1～4）
3. 密封好後，放入冰箱中冷藏一天醃漬入味。（5）
4. 隔天要吃之前，將排骨從冰箱取出回溫。
5. 油炸之前，將沾粉倒入排骨中混合均勻（有少許乾粉沒有關係）。（6～9）
6. 鍋中倒入植物油，油熱放入排骨，用中小火將排骨炸到表面金黃色撈起。（10、11）
7. 再將油燒熱，再放入排骨炸一次撈起會更酥脆。
8. 炸好的排骨放在網架上，瀝掉多餘的油脂。（12）

小叮嚀。。。

- 一次多做些，可以放冰箱冷凍保存，吃之前再炸一次就可以。
- 可以加在蘿蔔湯或火鍋中一起熬煮，鮮美可口。

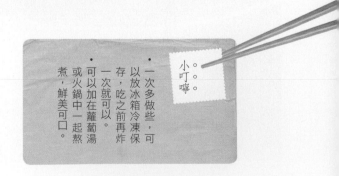

1

2

3

4

5

6

7

8

9

10

11

12

炸物

豆腐野菜丸

凡那比颱風雖然離開，但是南部土地還是受到創傷。希望災害快快過去，讓大家恢復正常生活。台灣地小人稠，又有颱風又有地震，但是生活在這片土地上的每一個人都非常堅韌勇敢，天災人禍都打不倒。小小的島卻可以創造無數經濟奇蹟，我們一定要珍惜得來不易的一切。

這一次的颱風來不及買菜，我的冰箱罕見的出現空盪盪的情形，只剩下一些零散的材料，不過組合起來還是可以做出一道可口的料理。純素的材料充滿法喜，柔軟的豆腐泥中有著木耳及紅蘿蔔脆脆的口感，還有香菜的清香。

能夠跟親愛的家人在家安穩的吃著晚餐，要感謝這樣的幸運。

認識食材

乾香菇

香菇為真菌植物門真菌香蕈的子實體，屬擔子菌綱傘菌科，是世界上著名的食用菌之一。香菇含有一種特殊的香菇精物質，具有獨特的菇香，所以稱為香菇。將新鮮的香菇經過脫水乾燥程序製成的就是乾燥香菇，香氣豐富，是中式料理中常見的材料。香菇具有高蛋白、低脂肪、高纖維等營養特點，乾香菇使用前要充分浸泡使其軟化才方便調理。

份量

約4～5人份

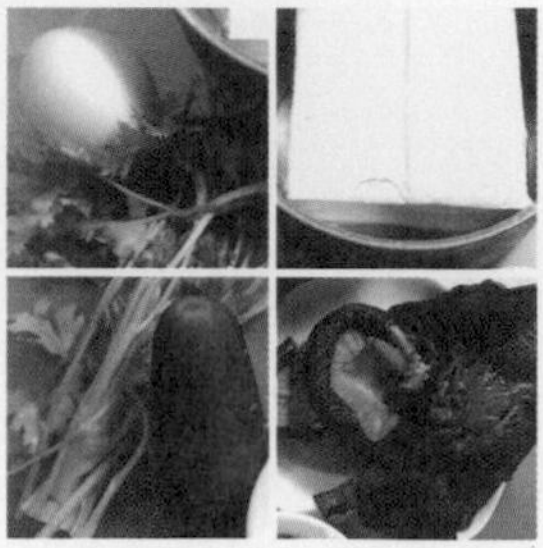

材料

板豆腐400g 雞蛋1個 黑木耳2～3朵
紅蘿蔔1/3條 乾香菇2朵 香菜1小把
熟白芝麻1T

調味料

太白粉5T 味醂1T 醬油2T
鹽1/3t 白胡椒粉少許

做法

1. 乾香菇泡清水約10分鐘軟化，切末；黑木耳切細絲；紅蘿蔔刨細絲；香菜切末。（1）
2. 板豆腐上壓重物靜置20分鐘，將滲出來的水倒掉，用叉子將豆腐壓成泥狀。（2、3）
3. 依序加入所有材料及調味料混合均勻即可（若覺得整體還是太濕，可以酌量增加太白粉的份量）。（4～7）
4. 雙手抹上一點油，將適量豆腐餡放在手上捏成丸形（抹油操作才不沾黏）。（8～10）
5. 炒鍋中倒入適量的油，油燒熱後，小心地放入豆腐丸子（油量約豆腐丸子1/2高度即可）。（11）
6. 將底部炸到金黃才翻面，以中小火將豆腐丸子兩面炸至金黃即可（分2～3次將所有丸子炸完）。（12、13）

小。叮。嚀。

・吃不完的豆腐丸子可以放冷凍保存，吃之前再炸熱就好。

・味醂是日式調味料，可取代米酒去腥並增加甘甜，還可以增加食物的光澤，如果沒有的話，可以用米酒：糖：冷開水等於一比〇.五比一這樣的比例混合均勻來代替。

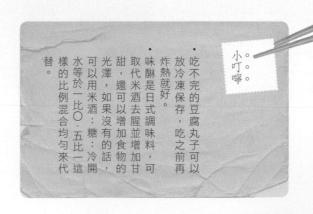

1

2

3

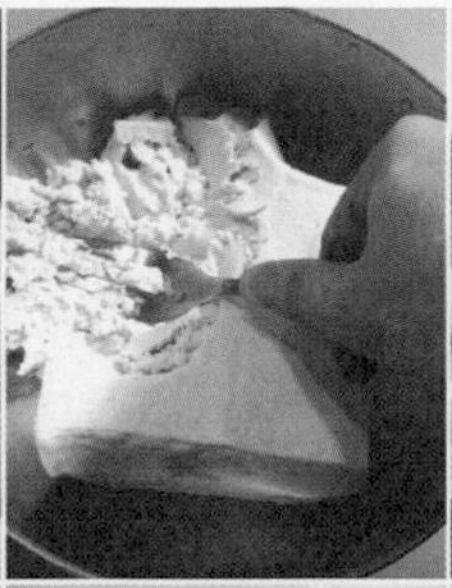

4

5

6

7

8

9

10

11

12

13

脆皮蛋豆腐

下午跟朋友約了在台北公館喝下午茶，愉快的聚會結束後，一個人在水源市場旁等老公來。旁邊一位中年男子賣力地喊著：蜜棗一袋一百元，蜜棗一袋一百元。我轉頭看了看，他正將一箱箱的蜜絲棗裝袋，我腦中盤算著昨天市場賣一斤是四十五元，這麼大袋才賣一百元真的是非常划算。等待老公的同時，接連有四、五個婦人有興趣過去詢問，但一看到這麼大袋都打了退堂鼓，大概是小家庭人少都擔心吃不完吧！

這附近常常有警察巡視，忽然間為他擔心起來，因為東西沒有賣出，說不定還吃一張違規罰單，那今天的辛苦都白費了。看了半天，都沒有人捧場，我想著老公喜歡蜜棗，應該可以買一袋回家。他看我走過去，臉上堆滿了笑，建議我買一整箱回家，二十台斤才一百八十元，更便宜。原本我搖搖頭說吃不完，但看到他熱情的笑臉，我不忍心拒絕，捧了一箱離開，希望他今天能夠賣完這些安心回家。老公驚訝的看我扛了一箱蜜棗上車，我說這幾天我們可以好好吃個過癮。

當我們在抱怨一些不順心的時候，很多人是非常努力生活著，但是他們沒有忘記臉上的笑容，依然認真努力的做，我會好好記住這樣的心情。

認識食材

蛋豆腐

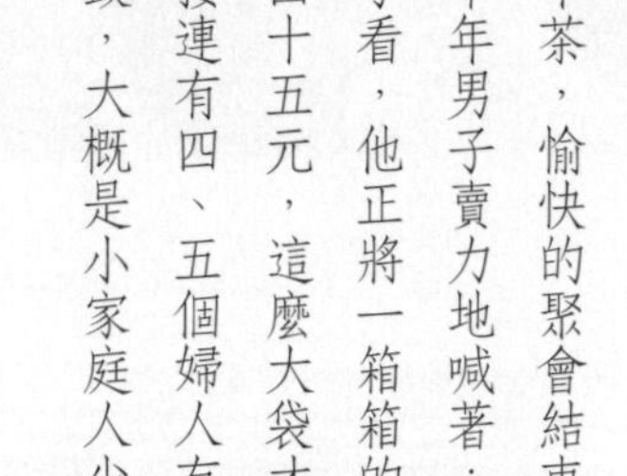

蛋豆腐是由雞蛋加上柴魚汁製成的日式蒸蛋，並沒有任何黃豆成分，因其外觀與豆腐類似，故稱為蛋豆腐。市面上有廠商以機器生產真空包裝販賣，省去麻煩蒸製過程，可以直接吃或是做為料理食材使用。

份量
約3～4人份

材料　雞蛋豆腐1盒（300g）

裹粉　雞蛋1個　番薯粉50g

做法

❶ 雞蛋豆腐切成約2公分的方塊狀。（1）

❷ 雞蛋打散成蛋液，放入雞蛋豆腐，先沾裹一層蛋液，再均勻沾附一層番薯粉。（2、3）

❸ 鍋中倒入約300cc的油，油熱後，放入雞蛋豆腐塊，約炸5～6分鐘至金黃色。（4）

❹ 吃的時候，可依照個人喜好沾蒜頭醬油或椒鹽粉。

1

2

3

4

炸牛蒡

料理是沒有國界的，多一點鹽少一點醬油，甚至用不同的材料都可以創造出新的口感。在廚房的我不會拘泥於傳統的框架中，這也是料理的最大樂趣所在。我喜歡多方面的嘗試，找出自己的味道。即使是不同國家的料理，也可以依照自己的喜好做出不同的改變。

對我來說，料理跟烘焙都是一件非常有趣的事，只要家人喜歡，就是我心中的好味道。

大姐想吃的炸牛蒡，買到牛蒡就迫不及待來試試看。酥酥脆脆的口感一炸好就分食一空。我終於體會到「秒殺」的威力！

認識食材

牛蒡

牛蒡為二年生草本植物，是菊科牛蒡屬的植物，為中國古老的藥食兩用的蔬菜，後來引進至日本而發揚光大。其可食用的部位是長達1～2公尺的地下肉質根部，近年來已經變成營養健康的常見蔬菜，具有獨特的香氣，含有醣類、脂肪、蛋白質及豐富纖維，可以沖茶、燉煮、炒食或炸食等料理方式。

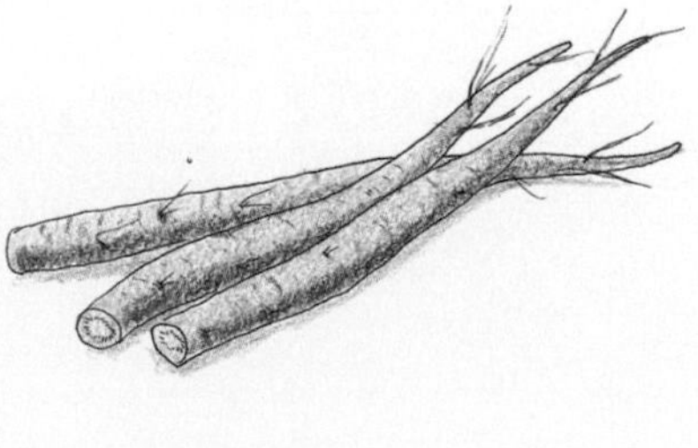

小叮嚀

- 喜歡甜口味，可以灑上糖粉。
- 調味材料都可以依照自己喜歡選擇。

份量
約3人份

材料	牛蒡1支（約300g）麵粉2T 太白粉1T
醋水	清水適量 白醋1T
調味料	胡椒鹽、海苔粉、 唐辛子（辣椒粉）各適量

做法

1. 牛蒡刷洗乾淨，連皮用刨皮器刨成薄片，刨好的薄片馬上浸泡在醋水中可以避免變色。（1、2）
2. 泡好的牛蒡薄片從醋水中撈起，將水瀝乾。加入麵粉及太白粉混合均勻。（3～5）
3. 炒鍋中倒入適量的油，油燒熱後，放入適量的牛蒡薄片（約分2～3次炸）。（6）
4. 以中小火將牛蒡薄片炸至金黃色（要小心不要炸過頭，以免太焦會苦）。（7）
5. 炸好撈起瀝油，稍微涼透就變酥脆。（8）
6. 將調味粉適量灑上混合均勻即可。（9）

1,2 3 4 5

6 7 8 9

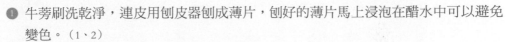

炸物

白菜冬粉丸子

約了妹妹回去看看爸媽，一家人一塊吃個午飯，聊聊這一陣子的心情。看到父母身體都健康，能夠在他們身邊轉來轉去幫點忙，就是現在最值得珍惜的事。

回家前順便到賣場晃一下，添購一些日用品。山東大白菜一顆才十八元，雖然冰箱有一點擠，我還是忍不住拿一顆放入推車，想著也許這兩天就來醃一缸韓國泡菜。

原本只是想買一些清潔用品，沒想到結帳的時候又是超過預算，真是有一點心虛。大包小包回到家，貓咪熱情的在門邊迎接我，檢查我帶回家的東西。

好好活著的我們就要認真過每一天，在人心惶惶的時代，更要堅定自己的信心，家給我們勇氣及前進的力量。

白菜冬粉丸子是我在白菜大出的時候一定會做的一道料理。這是好多年前跟朋友父親學的，也變成我們家常常出現的白菜料理。炸好香酥就是一盤香噴噴的熱食，煮在火鍋中也別有一番滋味。

認識食材

白菜

白菜為十字花科蔬菜，又稱「結球白菜」、「包心白菜」等，大白菜由一層一層綠化寬大的菜葉緊緊包覆形成圓柱體，被包在裡面的菜葉由於見不到陽光綠色較淡。白菜水分高熱量低，含有豐富的維生素C及粗纖維。白菜耐放，適合各式調理方式，是一般大眾都適合食用的健康蔬菜。

份量

約6～8人份

材料	細冬粉1把（約50g） 大白菜250g（約3～4葉） 荸薺6粒 青蔥2～3支 蝦皮1T 雞蛋1個（約50g） 中筋麵粉150g
調味料	鹽1/2t 醬油2t 麻油1T

做法

1. 細冬粉泡清水5～6分鐘軟化，切成約0.5公分段狀；大白菜洗淨切碎；荸薺、青蔥切末。（1、2）
2. 依序將青蔥、冬粉、荸薺、蝦皮、雞蛋、中筋麵粉及調味料加入混合均勻（因為白菜容易出水，請視實際狀況斟酌添加中筋麵粉的份量，混合至較濃稠的麵糊即可，不要太溼）。（3～6）
3. 用一支大湯匙舀起適當份量，放在手上大概整成丸形。（7、8）
4. 炒鍋中倒入適量的油，油燒熱後，依序放入白菜冬粉丸子（油量約白菜冬粉丸子1/2高度即可）。（9）
5. 底部炸到金黃才翻面，以中小火將白菜冬粉丸子兩面炸至金黃即可（分2～3次將所有丸子炸完）。（10）
6. 吃的時候可以沾胡椒鹽或芥末椒鹽食用。

小叮嚀

・一次多做一點，炸好可以放冷凍保存，吃之前再炸熱或是加入火鍋中一塊食用。

・純素食者可以將蝦皮及青蔥省略，雞蛋以清水或豆漿代替。另外加2至3片薑切末，再加2至3朵香菇切末增添香氣。

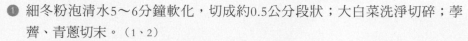

1

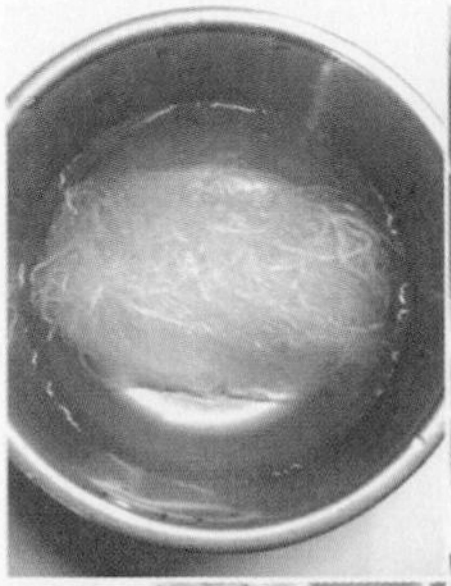

2

3

4

5

6

7

8

9

10

軟炸鮑魚菇

趁著年前我也開始準備製作今年的臘肉風雞，正好這幾天有可愛的太陽，陽台吊著一串一串的臘肉正曬著冬陽，年味開始飄散。記得外婆的庭園每到年前就掛滿香腸臘肉，濃濃的年味就從那紅門磚牆飛到心中。我不希望這些記憶中的美味消失，一定要好好將這些味道保存下來。外婆，您在天上好嗎？我很想您！

天氣太好，老公放下手邊的事陪我到台大散散步，這是我好喜歡的事。兩個人牽著手在長長的椰林大道邊走邊聊，偷閒兩個小時就讓我回味無窮。身邊的這雙大手給我安全感，是生命中最重要的支柱。

台灣各式各樣新鮮的菇類滋味真是好，是我每星期採購不會少的食材，其中我又特別喜歡鮑魚菇的口感，質地細緻厚實，咬一口還會噴汁。鮑魚菇個頭不小，像手掌心一般大，肉質鮮甜可口。今天換個方式來料理，調個蛋漿酥炸一下真好吃！

認識食材

鮑魚菇

鮑魚菇為一種食用菌，屬於側耳屬品種，通常有一個較大的菌蓋及短的白色菌柄，因其形狀類似鮑魚而得名。鮑魚菇肉質肥厚，營養豐富，香氣濃郁，風味清新，挑選時以菌蓋平滑沒有出水為佳。菇類食材皆不適宜久放，趁新鮮食用風味最佳。

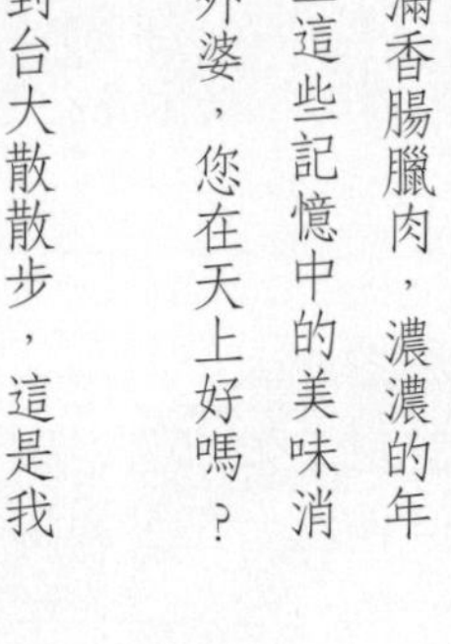

。。。小叮嚀

• 鮑魚菇可用鮮香菇或杏鮑菇代替；薑末可用蒜末代替；牛奶可用清水或豆漿代替。

份量
約4～6人份

材料　鮑魚菇300g

沾粉　低筋麵粉2T

麵糊
薑1片 低筋麵粉100g 雞蛋1個 牛奶75cc
帕梅善起士粉（Parmesan Cheese）20g （沒有可省略的）
乾燥巴西利（Parsley）1/4t 鹽1/4t 白胡椒粉1/8t

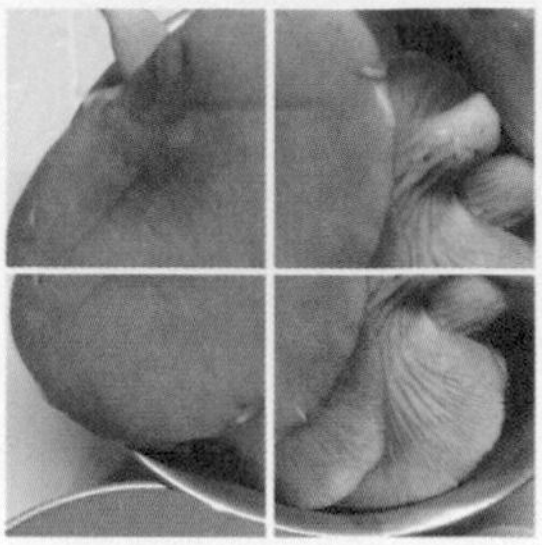

做法

1. 鮑魚菇清洗乾淨，瀝乾水分，切成粗條；薑片切末。
2. 低筋麵粉過篩。（1）
3. 將麵糊中所有材料放入盆中，用打蛋器攪拌均勻。（2～4）
4. 完成的麵糊密封好醒置30分鐘。（5）
5. 鍋中倒入適量的油，小火加熱，將切條的鮑魚菇先沾上一層薄薄的低筋麵粉，然後再沾裹一層起士香草麵糊，放入已經加熱至產生細小泡泡的油鍋中。（6～8）
6. 以中小火將鮑魚菇炸至金黃色即可。（9）
7. 吃的時候可以沾胡椒鹽或芥末椒鹽。

1 2 3 4,5

6 7 8 9

Part 5

主食 料理

麵飯中西多式樣

咖哩烏龍炒麵

做了全職家庭主婦之後，我的生活變得越來越簡單。以前上班還會喜歡買些新衣服、流行的飾品及包包等。常常全家一塊到餐廳打打牙祭，三C產品也時時注意，稍微存一點錢就會更改最新機種。不過現在的我對這些需求都幾乎減至最低，還常常覺得衣櫥中的衣服好像太多。揉麵料理的雙手也不再適合戴戒指或手鍊，連很多人無法沒有的行動電話我都讓給兒子使用，欲望變低反而越覺得自己變得富裕。

我知道自己想要的生活，也清楚了解生命活的精采是可以由自己手中創造。人生是三百六十度的，在任何時間，任何地點，都可以向各個方向無限延伸。

喜歡看日本節目的人一定發現日本是個非常愛吃咖哩的民族，不論家庭或大街小巷到處都可以看到咖哩的蹤跡。也拜日本流行之賜，咖哩變的平民化，街頭巷弄都可以品嘗得到。咖哩也是家裡常常上桌的口味，也最容易得到孩子的青睞。想吃咖哩當然不需要自己辛苦來調配，現在有多種口味的市售咖哩塊，可以隨時滿足現代人的需求。除了烹煮咖哩醬澆淋在飯上或搭配印度烤餅，甚至炒飯、炒麵也好吃極了。炒麵是很方便準備的餐點，只要將喜歡的配料先炒好，再加入熟麵條拌炒均勻，有菜有肉卻沒時間準備的簡單料理。

認識食材

洋蔥

選購洋蔥時，以球體完整，表皮光滑，無裂開或腐損者為佳。若購買時，洋蔥是置於一整個網狀袋內的話，回家只要吊掛在室內通風陰涼處，保持乾燥，避免陽光照射，就可存放一個月。切洋蔥時，先剝皮後浸放水中再來切塊或切絲，可避免流淚。洋蔥生食辛辣味強，熟時則具有愈煮愈甜的特性，西洋料理常利用此特性用來提味炒香。

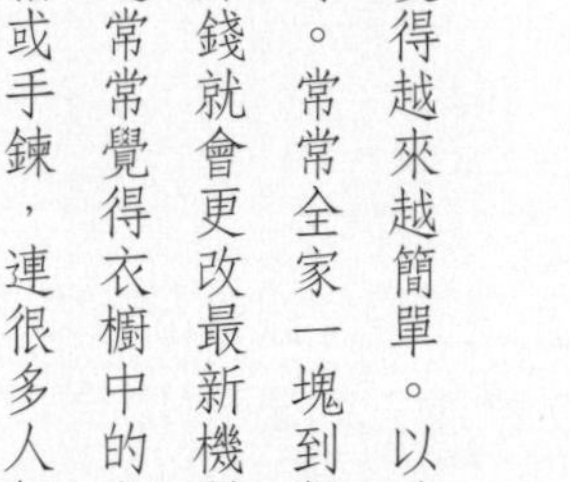

份量

約4～5人份

材料　烏龍麵300g 高湯150cc

配料　豬肉片200g 洋蔥1個 紅蘿蔔100g 市售咖哩塊30g 水150cc

醃料　醬油2t 米酒2t 太白粉1t

做法

1. 豬肉片加入醃料混合均勻，醃漬30分鐘；洋蔥切對半，再切成絲；紅蘿蔔切粗絲。（1）
2. 鍋中放2T油，油溫熱後，將醃好的豬肉片炒至半熟變色先撈起（火不需要太大）。（2、3）
3. 原鍋中加入洋蔥絲、紅蘿蔔絲，翻炒5～6分鐘。（4）
4. 倒入水150cc混合均勻煮至沸騰。（5）
5. 再加入市售的咖哩塊，煮至咖哩塊完全融化。（6）
6. 最後加入肉片及烏龍麵翻炒均勻即可。（7～9）

1　2,3　4　5

6　7　8　9

主食

鮭魚蔬菜粥

小時候我記得早上媽媽會煮白粥，搭配肉鬆、醬瓜、荷包蛋等幾樣小菜。但有時早上時間匆忙，粥燙的無法入口，吃個早餐變成麻煩事。孩子不懂事，也吵著要跟同學一樣吃些西式的食物。漸漸的，清粥小菜變成麵包牛奶，吐司麵包抹點果醬或奶油就可以帶著出門，這樣的改變也是忙碌生活形態所造成，傳統飲食習慣逐漸式微。

睡眼惺忪的早晨，如果有一碗熱粥暖暖胃，是一件多幸福的事。沒有多餘的油脂，只有簡單的好味道。白米吸飽鮮美的湯汁，口口甘甜。鮭魚提供了蛋白質，冷凍蔬菜丁是家裡常備的方便蔬菜，提供了纖維質，搭配在一起就可以創造出美味的鹹粥。

為家人熬一鍋粥，愛心全在方寸之間。

認識食材

鮭魚

鮭魚是所有魚類中， Omega-3不飽和脂肪酸含量最高的魚種，加上熱量低，非常適合用來煮湯，此外烤、蒸、紅燒、油炸及乾煎都是不錯的選擇。鮭魚肉質鮮美，營養價值極高，通常顏色愈紅者表示愈新鮮。其主要產地在加拿大、挪威與日本的北海道。

份量
約4～5人份

材料	鮭魚200g 青江菜3～4棵 白米150g（大同電鍋量杯1杯） 冷凍蔬菜200g 清水1200cc（大同電鍋量杯約6.5杯）
醃料	米酒1T 鹽1/4小匙
調味料	鹽1/3t 米酒2T 薑2～3片 白胡椒粉1/4t（鹹度請依個人口味斟酌調整）

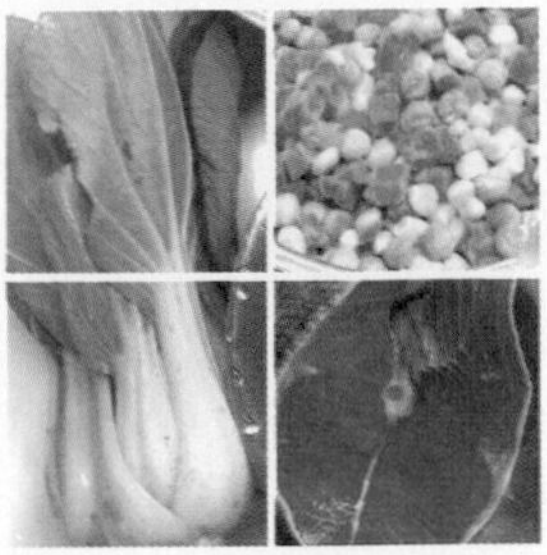

做法

1. 鮭魚肉切成約0.5公分的小丁狀，用醃料醃漬30分鐘。
2. 青江菜洗淨，切碎備用。
3. 白米洗淨，加入冷水。（1）
4. 依序加入冷凍蔬菜、醃好的鮭魚肉丁、薑片與調味料。（2～4）
5. 用筷子將所有材料混合均勻。（5）
6. 以小火熬煮約1小時至米粒完全軟爛。（6）
7. 最後加入切碎的青江菜，以小火熬煮5～6分鐘即可。（7、8）

1 2 3 4

5 6 7 8

鮮蝦炒河粉

我的好朋友其實不多，可能是自己個性造成，不習慣過於表達真正的內心。大多時候，我不太希望別人知道我的喜怒哀樂，很多事都藏在心裡。能夠讓我可以毫無顧忌將自己的想法分享，這樣的朋友其實只有兩、三個，而C就是其中一位。

C小我五歲，是我多年前工作上的同事，個性開朗又講義氣。第一天上班見面的時候，我對她直率的個性嚇一跳，覺得她是不是對我有些意見，不然為何講話這麼直接。但相處久了，才發現她是那種一旦把妳當成朋友，就真誠無保留的付出，甚至會像個大姐頭般的保護我。漸漸的，我們無話不談，中午也一塊下樓吃飯或約了一塊帶便當。跟她做同事的那幾年，雖然工作忙碌，但是有對方陪伴加油打氣，我度過了人生中最開心的一段工作時期。

之後，我們各自因為人生規畫改變，先後從這家公司離職到其他公司上班，但是我再也沒有辦法找到這麼聊得來的朋友。但是幸運的是我與C的友誼並沒有因為距離空間而減少。有一種朋友，即使一年只見一次面，但是永遠關心對方。有一種朋友，在她面前可以完全放心，有什麼就說什麼。有一種朋友，對妳付出不求回報。有一種朋友，是一生中的唯一知己。謝謝C，祝福妳永遠快樂。

認識食材

韭黃

韭黃也就是韭菜，只是在韭菜生長過程中將其光線隔絕，所以沒有辦法產生葉綠素，導致顏色變黃。韭黃味道稍微帶點辛辣，有暖身效果，富含纖維幫助消化。韭黃炒製過程很容易熟，所以通常放在最後才下鍋，不可以炒過久，以免影響口感。

份量

約3～4人份

材料

蝦仁200g 韭黃80g 青蔥1支
河粉300g 雞蛋2個 高湯100cc（參見P.361）

醃料

鹽1/8t 米酒1T

調味料

醬油1.5 T 鹽1/2t 糖1/4t 白胡椒粉少許

做法

1. 蝦仁加入醃料混合均勻，醃漬20分鐘。
2. 雞蛋加1/8t鹽混合均勻；韭黃、青蔥切段；河粉切寬條。
3. 鍋中倒入3T油，油溫熱後，倒入雞蛋液，炒散撈起。
4. 原鍋中倒入蝦仁後，炒熟撈起。（1）
5. 鍋中放入青蔥爆香（油若不夠，可以適量添加少許）。（2）
6. 再加入河粉條及高湯翻炒均勻，等稍微燜煮一會兒，將河粉炒軟至湯汁收乾（高湯的份量可以視實際狀況增加）。（3～5）
7. 加入預先炒好的蝦仁及雞蛋混合均勻。（6）
8. 最後加入韭黃，翻炒1～2分鐘即可。（7、8）

1 2 3 4

5 6 7 8

肉絲蛋炒飯

老公跟Leo對蛋炒飯有偏愛，隔一陣子就會要求要吃一盤炒飯。這也是懶人料理，只要有一鍋乾飯，三兩下就可以上桌，我也省事，皆大歡喜。好吃的炒飯要粒粒清楚，吃完盤底不要油膩一片，這樣的炒飯才爽口。蛋炒飯也讓我想起小時候父親曾經為我們做過的醬油蛋炒飯，那是不同於母親的一個甜蜜回憶。

飯不管冷的或熱的，進鍋前一定要先翻鬆。有一說炒飯一定要使用隔夜飯才好吃。但是有時候臨時想吃，我也會用剛煮好的熱飯來做，只要飯不要煮太濕軟，味道一樣好。有時候到一些小館子打牙祭，我會特別點一盤炒飯來嘗嘗，就知道廚師功力如何。

炒飯除了飯要乾爽，配料也不可以太多水分。如果想加些蔬菜，就必須切碎最後放入拌炒馬上起鍋，不然炒的時間久了，蔬菜一出水就毀了賣相及口感。豬肉絲也可以換成蝦仁或雞肉丁，就有了不同的變化。唯一不要改變的就是雞蛋，少了雞蛋，蛋炒飯也會失去基本風味。多久沒有來一盤香噴噴的蛋炒飯？趕緊來懷念一下這簡單又幸福的味道。

認識食材

青蔥

不管直接料理或做為裝飾，青蔥向來是烹飪時的最佳配角。選購時，以蔥枝鮮麗，挺直青脆，無枯枝、無敗葉的最佳。買回來的新鮮蔥通常帶有泥沙，先別急著清洗，直接用報紙包起來，放在室內陰涼通風處或冰箱冷藏室，約可存放約一星期左右。如果覺得用報紙不乾淨，也可以買專用的密封袋保存，亦有同樣效果。當然也可以將蔥洗淨切成蔥花，裝入密封保鮮盒後放入冰箱冷凍室，烹調時就可隨時直接取用。

份量
約3人份

材料	豬肉絲150g 青蔥2～3支 雞蛋2個 冷白飯3人份
醃料	醬油1/2T 米酒1/2T 白胡椒粉少許 太白粉1t 蛋白1t
調味料	鹽1/4t 醬油1.5T 白胡椒粉少許

做法

1. 將豬肉絲用醃料醃30分鐘入味；青蔥洗淨，切成蔥花；雞蛋打散，加一點鹽混合均勻。（1）
2. 白飯用飯匙翻鬆。
3. 炒鍋中倒入2～3T油，放入醃好的豬肉絲炒熟撈起。（2）
4. 原鍋中倒入蛋液，雞蛋略炒到半熟，倒入翻鬆的飯快速翻炒。（3～5）
5. 邊炒邊用鍋鏟將飯翻鬆，雞蛋打散。（6）
6. 然後將事先炒好的豬肉絲加入拌炒均勻。（7）
7. 加入適當的調味料翻炒均勻。
8. 最後加入青蔥花，翻炒1～2分鐘即可。（8）

1 2 3 4

5 6 7 8

主食

上海菜飯

冬天的陽光是最令人期待的，暖烘烘的冬陽除了帶來溫暖，也是曬一些自製臘肉風雞的好機會。從小看著母親和外婆做臘肉，院子中吊掛著一串串自家美味，這是別處吃不到的私房菜。外面賣的臘肉我總是吃不習慣，外婆的味道早已經烙印在舌尖。現在的我也在自家陽台複製這些味道，讓我更親近媽媽與外婆。

自製臘肉很容易，所有材料完全天然不需要擔心吃到不好的添加物。選取五公分寬的帶皮五花肉條，花椒加上鹽炒至香氣出來，然後將肉條總重量百分之三的花椒鹽均勻抹上，放置冰箱冷藏一星期入味。然後趁著冬天的陽光曬個三至五天至乾燥就完成。完成的臘肉放冰箱冷凍就是應用廣泛的保存食材。

這道上海出名的菜飯擄獲很多人的心，有菜有肉一鍋解決，米飯又吸收了材料的美味。做法其實簡單又方便，用自家醃漬的臘肉與米飯一同蒸至入味，青江菜另外與蝦米炒香，成品顏色漂亮又有著菜香與臘肉特殊的風味。如果嫌兩次作業太麻煩，青江菜也可以跟著臘肉丁一同進電鍋燜煮，料理不需要拘泥在程序，只要自己喜歡順手就好。帶著愉快的心情，做出來的料理也一定好吃。

認識食材

青江菜

採買青江菜時，選擇葉柄顏色白而肥厚，菜葉部分青綠，葉片挺直沒有黃葉、沒有斑點的菜葉，品質較優。買回家後，若沒馬上烹調，不需清洗，用報紙包覆好，放在冰箱冷藏室，約可存放三到五天左右。如果可以放進蔬果專用袋再置於冰箱冷藏室，存放時間更久。

份量
約4～5人份

材料
糙米150g 白米150g 水350cc 米酒50cc
臘肉1塊 青江菜4～5棵 蒜頭2瓣 蝦米1小把

調味料
鹽1/2t 白胡椒粉1/8t（鹹度請自行斟酌）

做法

1. 糙米泡水至少2個小時。（1）
2. 糙米泡好後，與洗淨的白米濾去水混合均勻，再倒入水與米酒共400cc的液體。
3. 臘肉洗淨，用米酒擦拭乾，放入電鍋中與米一塊蒸熟。（2、3）
4. 取出蒸好的臘肉，並將蒸好的飯翻鬆備用。（4）
5. 適量的臘肉切小丁；青江菜洗乾淨，瀝乾水分切碎；蒜頭切片。（5）
6. 炒鍋中放入3T油，放入蝦米及蒜片炒香。（6）
7. 再加入臘肉丁炒香。（7）
8. 然後將青江菜加入，翻炒1分鐘。（8）
9. 最後加入翻鬆的米飯及調味料混合均勻。（9）
10. 蓋上蓋子，以微火再燜5分鐘即可。（10、11）

小叮嚀。。。
・臘肉也可以用臘腸、肝腸代替。

1

2
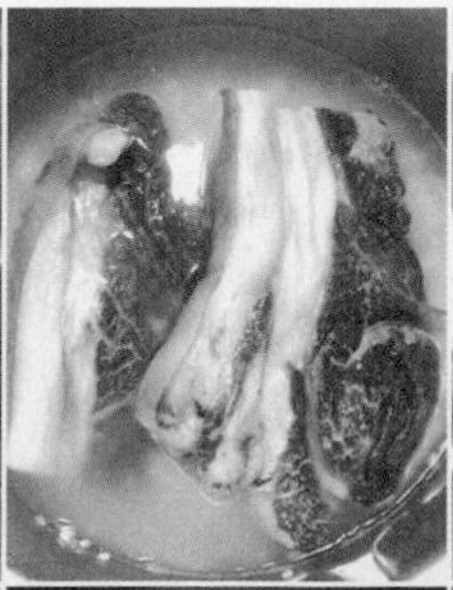
3

4

5

6

7

8

9

10

11

什錦炒米粉

說起台灣的米粉，一定馬上想到是新竹的特產。剛結婚時，有一回莫名其妙的跟老公嘔氣，原因竟然是因為他都沒有帶我去新竹城隍廟逛逛。難怪他知道了之後大呼女人心海底針，這麼難捉摸。有些人旅遊是為了欣賞大自然美景，體會不同國家的建築與風光。對我來說，旅遊是可以品嘗各式各樣美味料理的最好機會，所以嘗遍台灣好吃的料理也是我的心願。最後老公當然有帶我到城隍廟一嘗有名的貢丸及小吃，讓我大飽口福。

老公老家在新竹，過年的時候一定少不了婆婆好吃的炒米粉。家族中個個都是炒米粉的高手，這一味百吃不厭。重要節日餐桌一定少不了這一道。記得嬏嬏就曾經說過，炒米粉要好吃，就是要將所有充滿香味的蔬菜加進來拌炒就沒錯。

每次炒米粉都要準備多一點，因為不管我炒多大鍋，家裡兩個男生都可以吃光。這一盤濃濃台式好風味，是我們家必備的家常料理，也是婆婆給我的好味道。

認識食材

豆芽

豆芽菜是由綠豆、黃豆所發出的芽，去掉尾部的又稱銀芽。豆芽菜不但熱量低，且含有豐富的維生素C與大量的膳食纖維。選購時，要留意莖部短而肥壯，脆而容易折斷，整個莖部潔白為佳。買回來後若沒馬上用完，將水吸乾後，用塑膠袋或保鮮袋裝好，放進冰箱冷藏室，約可存放二至三天左右。

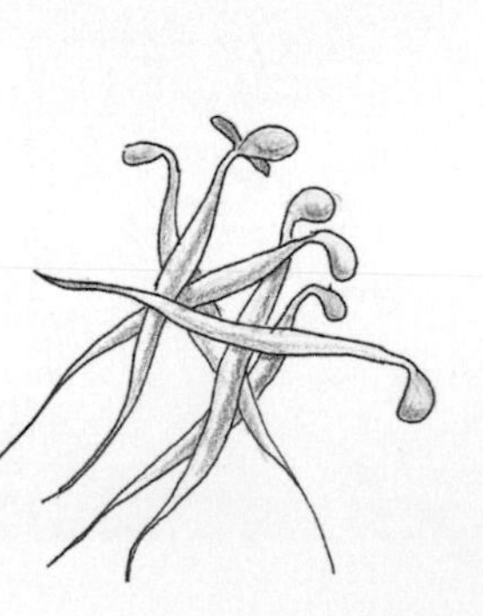

份量
約4～5人份

材料
豬肉絲200g 乾香菇4～5朵 蝦米1小把
高麗菜4～5葉 黑木耳2～3朵 青蒜1支
韭菜3～4支 紅蘿蔔1/2條 芹菜3～4支
紅蔥頭4～5瓣 米粉200g 豆芽菜1把

醃料
醬油1T 米酒1T 太白粉1/2T

調味料
高湯500cc（參見P.361） 醬油2T 米酒1T 麻油1T
鹽1/2t 白胡椒粉1/4t 糖少許（鹹度請依照個人口味調整）

做法

1. 豬肉絲加上醃料，醃漬30分鐘。
2. 乾香菇泡冷水軟化，切條；蝦米泡溫水5分鐘撈起；高麗菜、黑木耳切絲；青蒜、韭菜切段；紅蘿蔔刨絲；芹菜去葉切段；紅蔥頭切末。（1）
3. 米粉放入冷水中，浸泡5～6分鐘軟化撈起，瀝乾水分，用剪刀稍微切段備用。（2、3）
4. 鍋中放3～4T油，將紅蔥頭及蝦米放入炒香。（4）
5. 接著放入醃好的豬肉絲炒熟。（5）
6. 依序放入香菇、紅蘿蔔、黑木耳、高麗菜及芹菜翻炒。（6～8）
7. 加入高湯及所有調味料煮至沸騰。（9、10）
8. 放入米粉翻炒5～6分鐘至均勻（可以用雙手各拿一雙筷子翻炒，會比較好操作）。（11）
9. 最後放入青蒜、豆芽菜及韭菜，翻炒2分鐘即可。（12、13）
10. 吃的時候灑上一些香菜。

小叮嚀。。。
・蔬菜都可以依照自己喜歡做變化。

1 2 3 4

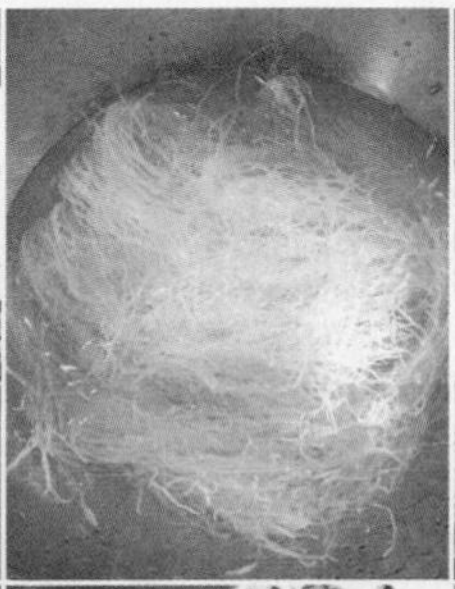
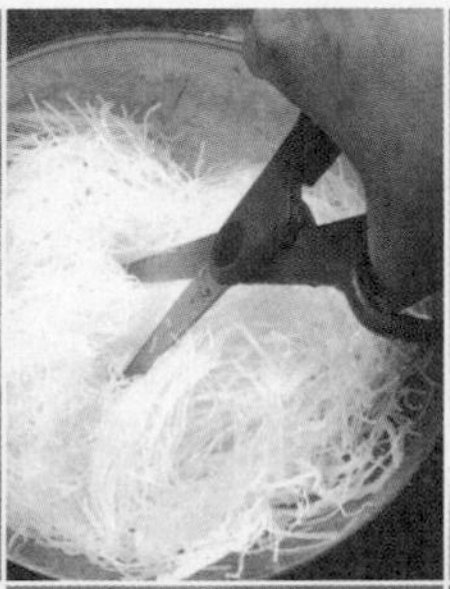

5 6 7 8

9 10

11 12 13

雞絲涼麵

這一星期都是典型的夏季氣候，早上炎熱，陽光燦爛，中午過後就下起傾盆大雨。早上薄的陽光露臉，趕緊趁這難得的機會曬曬衣服，把貓咪趕去陽台伸伸懶腰。我在廚房雙手不得閒，耳邊傳來Leo起床的梳洗聲，老公正在煮好香的咖啡。這樣單純平凡的家庭是我年輕時候一直憧憬的生活，慶幸辛苦了這麼多年之後，在工作告一段落終於可以享有自己的人生。

不管天氣是晴是雨，陽光一直在我心中。

天氣熱，胃口也比較挑嘴，味道太重或太油膩的料理都不想碰。新鮮的蔬菜，香滑的麻醬調料，這一盤色彩豐富的冰鎮五色蔬菜涼麵讓人暑氣全消。

認識食材

小黃瓜

選購小黃瓜時，以外形嫩直、粗細均勻的瓜條，花蒂仍附著在瓜體上，還未脫落的最好。小黃瓜不耐貯藏，常溫下，只能擺放三天。所以買回來後若沒馬上烹煮，不要用水清洗，保持乾燥，用紙張或保鮮膜等具有透氣性的材質包裝好，放入陰涼通風處或冰箱冷藏室，約可一星期左右。但烹製前一定要用流水多清洗幾回，才能將附著在表皮上的農藥沖洗乾淨。

份量

約4～5人份

材料

A. **雞絲部分**：雞胸肉250g 米酒1/2T 鹽1/4t
白胡椒粉1/8t
B. **麻醬醬汁**：蒜頭4～5瓣 白芝麻醬4T 熱水4T
醬油2T 烏醋2T 細砂糖1.5T
C. **蔬菜配料**：雞蛋3個 豆芽菜1大把
小黃瓜2條 紅蘿蔔1/2條

做法

1. 將米酒、鹽及白胡椒粉放入雞胸肉中混合均勻，醃漬20分鐘入味。（1、2）
2. 放上蒸鍋，以中大火蒸15分鐘至完全熟透，取出放涼（盤子中的水不要）。（3）
3. 蒜頭切成末（越細越好）。
4. 將熱水放入白芝麻醬中，慢慢混合均勻。
5. 依序放入所有調味料混合均勻。（4）
6. 最後加入蒜末混合均勻即可。（5、6）
7. 雞蛋打散，加入1/8t鹽混合均勻調味。放入加少許油的平底鍋中，煎成薄蛋皮，放涼後，切成細絲。（7、8）
8. 豆芽菜洗淨，用沸水汆燙10秒鐘，撈起放涼；小黃瓜、紅蘿蔔洗淨，切成細絲。
9. 蒸好放涼的雞胸肉用手順著雞肉紋理撕成條狀。
10. 所有材料準備好，放入冰箱冷藏備用。（9）
11. 乾燥細麵依照包裝標示時間煮熟，撈起馬上淋上麻油拌勻，用電風扇吹涼。（10、11）
12. 盛取適量的麵，再放上喜歡的材料，淋上適量麻醬醬汁調味即可。（12）

1

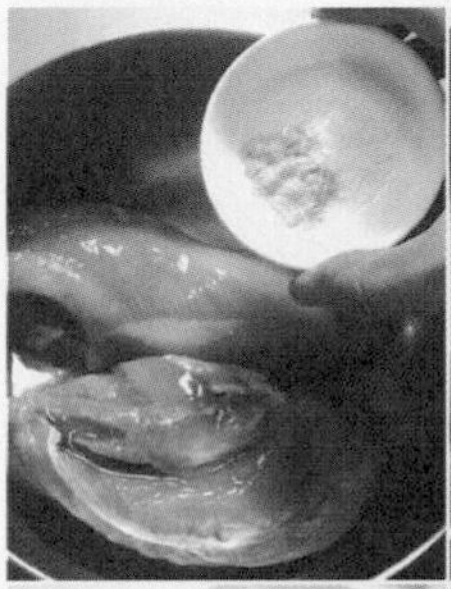

2

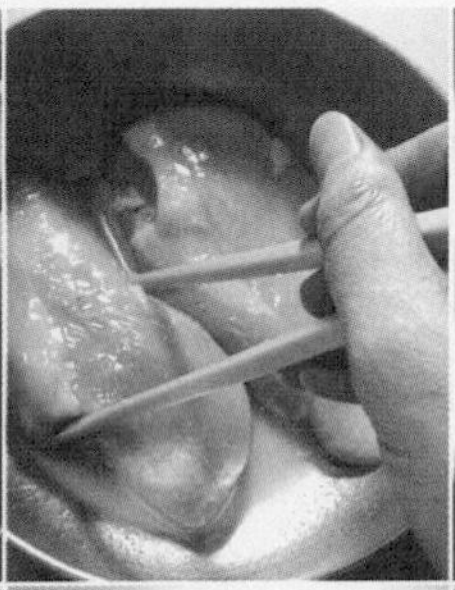

3

4

5

6

7

8

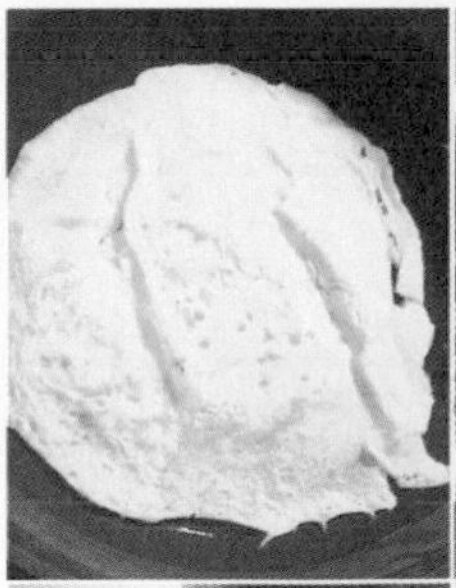

9

10

11

12

主食

海產粥

格友艾小姐留言說，在Carol的部落格中沒有找到海產粥的做法，我腦中馬上想起以前公司附近的一家小店頭，就有賣好吃的海產粥。新鮮多樣的海產加上清爽的湯頭，米飯還保有Q度，空氣中飄著芹菜香。每天中午小店都高朋滿座，大家都心甘情願排隊等候。我不是一個會為了吃去排隊的人，往往看到一些知名店舖門外大排長龍，再好吃我都覺得勞師動眾。

就曾經去過一些報章雜誌推薦的餐廳，服務人員急著上菜也急著收盤子，見我們吃完不趕緊走頻頻來催促。吃東西應該是件輕鬆愉快的事，如果弄得緊張又不悠閒，那可就失去了原本的意義。

這是台式海產粥的做法，不需要從生米開始熬煮，前一天剩下的乾飯最適合，加入了豐盛的海鮮材料，米飯吸收了湯汁，和港式粥品軟爛的口感大不相同，卻有另一種滋味，做法簡單快速，也是宵夜最佳選擇。

一想到好吃的，我精神又來了，今天我也要我的餐桌上有熱騰騰香噴噴的海產粥！

認識食材

透抽

小捲的正名是鎖管，而鎖管的幼體稱為「小捲」，成體則稱為「中捲」或「透抽」，其實都是一樣的種類，只是依據年齡不同而有不同的名稱罷了。透抽在市場都買得到，也可以買冷凍的透抽代替，口味不會差異太大。

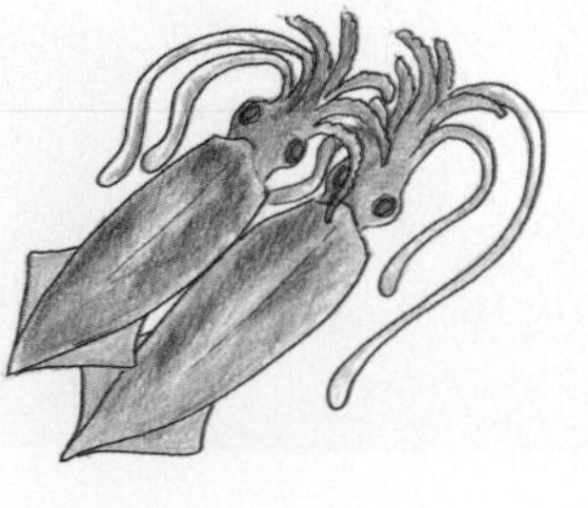

份量
約3～4人份

材料	蛤蜊15個 蝦仁8～10個 鮮蚵100g 魷魚1隻 薑3～4片 青蔥1支 芹菜1支 白飯1.5碗
高湯	柴魚花1把 清水1500cc
調味料	米酒1T 鹽1/2t 白胡椒粉1/8t 麻油少許（鹹度請依照個人口味調整）

做法

1. 蛤蜊放入清水中吐砂；蝦仁用1/8t的鹽醃一下，再用清水洗乾淨；鮮蚵洗淨，挑出殘餘的殼；魷魚洗淨，去內臟，切成圈狀。
2. 薑片切細絲；青蔥洗淨，切小段；芹菜洗淨，去葉，切小段。（1）
3. 將柴魚花放入清水中，放入瓦斯爐上煮至沸騰。沸騰後，以小火熬煮6～7分鐘，然後將柴魚渣用濾網過濾掉。（2、3）
4. 白飯2碗翻鬆，放入煮好的柴魚高湯中。（4）
5. 以中小火熬煮6～7分鐘至米飯微微膨脹（不需要煮到稀飯狀，還保有完整米粒狀態）。（5）
6. 接著放入準備好的海鮮材料、薑絲及所有調味料。（6、7）
7. 煮至沸騰且蛤蜊完全張開時，放入蔥花及芹菜末，再煮至沸騰即可。（8、9）
8. 起鍋前可以淋上少許麻油。

小叮嚀。。。

・白飯一碗份量約是家中吃飯的碗大小。

・海鮮種類及份量都可以依照自己喜好增減。

1

2

3

4

5

6

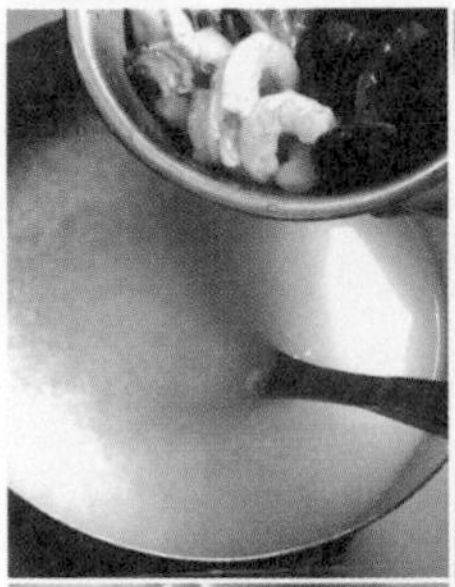

7

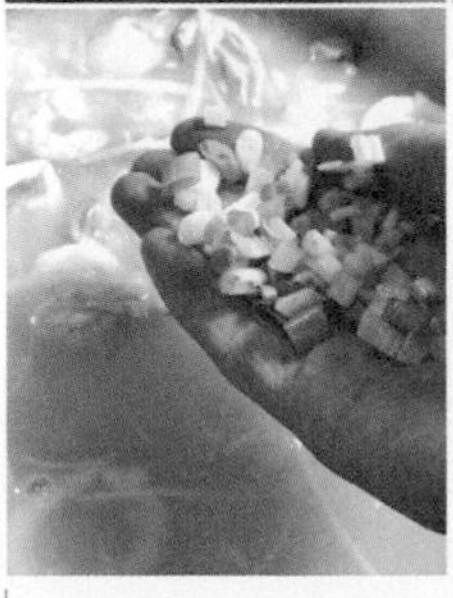

8

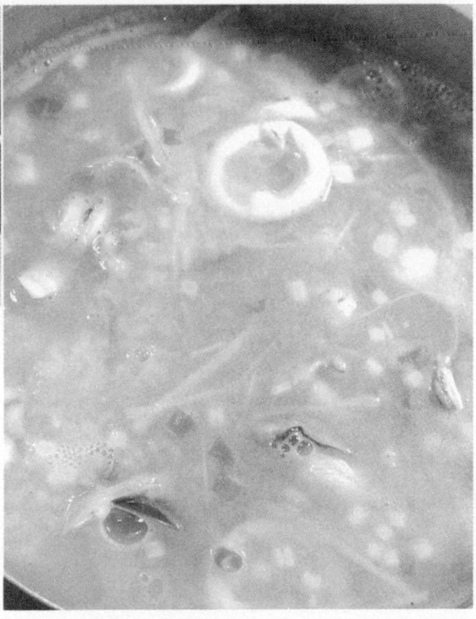

9

主食

芋頭排骨糙米粥

常常跟老公會事先計畫什麼結婚紀念日要去知名的餐廳慶祝，但是往往真的到了那一天，我們又覺得要盛裝出門只為了吃那一餐，還真是有些麻煩！出門要停車找車位，再加上餐廳人多受拘束，最後在家吃還是我們的選擇。朋友說，連生日或結婚紀念日都還要在廚房忙著洗洗切切，這樣會不會很不浪漫？

其實婚姻生活要怎麼過是兩個人的共識，對我來說，這些外在的形式不是最重要的。剛結婚時，我也希望老公會送花送禮物，但是重點還是對方的心。我願意為家人洗手做羹湯，綿綿密密的感情透過料理來傳遞，這就是我給他們的愛。

忙碌的時候我會煮鍋粥，材料放一放，出門的時候利用燜燒鍋就可以節省很多時間。糙米香，排骨軟爛，芋頭煮到軟Q，一塊搭配在粥裡的味道特別好。農曆七月後至新春正月都是品嘗大甲芋頭的好時機，別忘了多多品嘗台灣豐富的農產，這一鍋粥香噴噴！

認識食材

芋頭

芋頭為天南星科芋屬植物的球狀地下莖，含有大量澱粉、蛋白質、醣類及膳食纖維。可甜可鹹，是非常可口多用途的食材。芋頭含皂角甙，手碰到會造成搔癢，皂角甙遇到熱即會分解，所以將手靠近熱源烘一下就可以解除。或是在去皮前，將芋頭連皮先蒸10分鐘再削皮也可以避免。芋頭買回家以室溫保存，如果要放冰箱冷藏，請用報紙包起來。

份量
約5～6人份

材料
豬小排600g 薑6～7片 芋頭300g 糙米300g
紅蔥頭3～4瓣 青蔥1支 水2000cc

調味料
米酒3T 鹽1t 白胡椒粉1/4t

做法

1. 燒一鍋水煮沸，放入2～3片薑。
2. 放入豬小排汆燙至變色就可以撈起（湯汁不要了）。（1、2）
3. 芋頭去皮，切小方塊；紅蔥頭切片；剩下的薑片切絲。（3）
4. 炒鍋中倒入1T油，放入紅蔥頭炒香（略微有些金黃色）。
5. 放入芋頭塊，拌炒2～3分鐘即可。（4、5）
6. 糙米洗淨，放入2000cc的水中。（6）
7. 依序放入汆燙好的豬小排、芋頭、薑絲及所有調味料。（7～9）
8. 煮至沸騰後，蓋上蓋子，關小火，熬煮50分鐘。（10）
9. 煮好後，不要開蓋，再燜15～20分鐘即可。（11）
10. 吃的時候可以灑些蔥花。

小叮嚀。。。

- 水量多寡影響粥的濃稠度，請自行斟酌調整。
- 鹹度請依照個人口味做增減。
- 也可以使用電鍋或燜燒鍋燉煮。
- 糙米300公克約是大同電鍋標準量米杯2杯。
- 芋頭去皮前可以先用大火蒸6至7分鐘，這樣削皮手才不會癢。

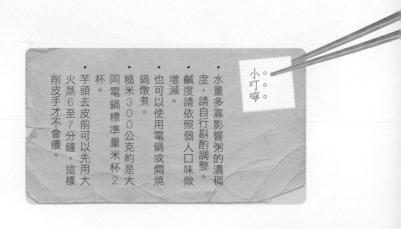

1

2

3

4

5

6

7

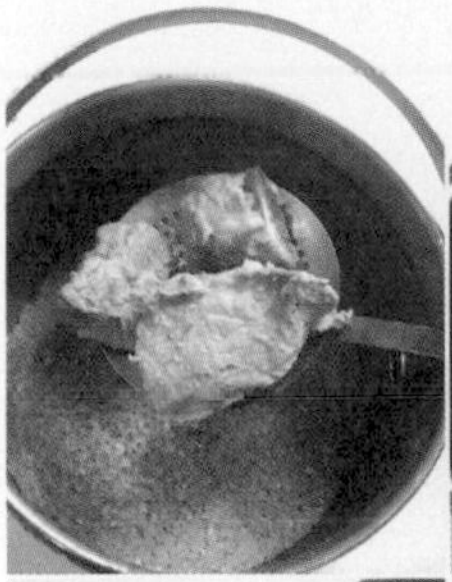

8

9

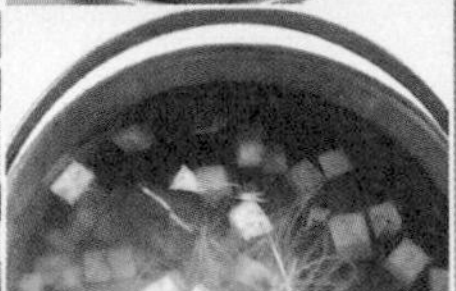

10

11

絲瓜麵線

有時候越簡單的調味越讓人感動，食物本身的味道就是最佳調味，一點點鹽提味就足夠。

剛結婚時，味素是廚房少不了的調味料，每一道菜沒有加那一小杓，好像就少了什麼。但老公是極簡主義者，生活上的食衣住行都以實用為主。對於我使用味素這件事就一直有意見，在他的影響下，我也學著將調味料簡單化，漸漸捨棄了這些人工調味料。有時候買一塊市場的手工豆腐，回家淋上一些薄鹽醬油配稀飯吃。夾一筷子送入口中豆味濃郁，真是人間美味。

感冒中胃口比較不好，但是這碗清爽鮮甜的絲瓜麵線卻讓人食指大動。麻油馨香，枸杞甜，滿口生津。

認識食材

絲瓜

絲瓜也稱為菜瓜，為台灣夏日常見的瓜果蔬菜，清爽消暑。果肉烹煮後非常柔軟，90%為水分。挑選的時候盡量挑選較重的，蒂頭新鮮，避免果肉出現乾縮纖維化影響口感。

小叮嚀。。。

・高湯可以用清水代替，若使用市售高湯塊，另外添加的鹽請斟酌。

份量
約3～4人份

材料	麵線200g 絲瓜1條 薑2～3片 高湯500cc 枸杞1小把
調味料	麻油1T 鹽1/2t
做法	

1. 煮一鍋水，水滾後放入麵線，先將麵線煮熟。（1）
2. 煮熟的麵線撈起，瀝乾水分，淋上1T麻油，混合均勻備用。（2、3）
3. 絲瓜去皮，切約1公分厚。（4）
4. 鍋中倒約1T麻油，油熱後，放入薑片炒香。（5）
5. 再放入絲瓜，以中小火翻炒2分鐘。（6）
6. 倒入高湯及調味料煮沸，蓋上蓋子，燜煮至絲瓜軟。（7、8）
7. 最後加入麵線及枸杞混合均勻，煮2～3分鐘至沸騰即可。（9～11）

1　2,3　4　5

6　7,8　9,10　11

麻辣涼麵

台北市的西門町是一個非常奇妙的地方，陪伴很多人無數的青春時光。流行的元素，眾多青少年聚集，照理說現在應該沒有適合我的地方。但是如果想懷念一些老味道的時候，往往在西門町可以找到回憶。跟老公約到西門町的萬年大樓，想吃「瓊芳居」的涼麵，兩人到了舊址門口，才發現小店早已歇業，難掩失望的心情。

前一段時間也發現從小吃到大的月餅老店「普一」竟然結束營業，這件事也給我的震撼不小，想到沒有機會再吃到記憶中的味道就一陣感傷。去年中秋節還在店裡看著老闆娘忙著應付人潮，怎麼今年就再也吃不到了。這些食物不光是滿足口腹之欲，其中還包含了許多回憶及情感。

這才知道沒有任何東西是永遠不變的，有時候有錢也換不回。能夠握在手中的時候，一定要好好珍惜。

沒有吃到「瓊芳居」的涼麵，只好自己做。天氣熱，來一盤淋上清爽的醬汁加上生菜的涼麵讓人胃口開。

認識食材

蒜頭

蒜頭具有良好的保健功效，但由於吃蒜容易引起胃酸與脹氣，所以腸胃道功能不佳者不宜多吃。吃完蒜若有味道在口中滯留，可以吃顆蘋果或含些茶葉，就可盡速去除異味。選購時，選擇蒜體結實、無蟲蛀、無發芽的最好。購買時，若蒜是置於一整個網狀袋內的話，回家只要吊掛在室內通風陰涼處，保持乾燥，避免陽光照射，就可存放一個月甚至更久。

小叮嚀

- 麻辣醬汁中的辣油請依照個人喜好斟酌添加。
- 麵條可以選擇自己喜歡的種類。
- 生菜部分都可以依照自己喜歡選擇，例如添加紅蘿蔔絲。

份量
約2～3人份

材料
豆芽菜1大把 小黃瓜1條
乾燥關廟麵150g 香菜2～3棵

調味料
蒜頭2～3瓣 烏醋1T 醬油1.5T
辣椒油1T（做法參見 P.304） 糖1t
麻油1/2T（拌麵用）

做法

1. 燒一小鍋水煮沸。
2. 豆芽菜清洗乾淨，放入煮沸的水中汆燙7～8秒，撈起瀝乾水分。（1）
3. 小黃瓜洗乾淨，切細絲；香菜洗淨，切段；蒜頭切末。（2）
4. 依序將麻辣醬汁的材料放入碗中混合均勻，即成為淋醬。（3～5）
5. 煮沸一鍋水，水滾後放入麵條。麵條一下鍋，就用筷子將麵條攪散。（6、7）
6. 煮沸後，加入一杯冷水（約200cc）。（8）
7. 約煮4～5分鐘沸騰，就可以將麵條撈起（若是乾燥麵條，時間請參考包裝說明）。
8. 麵條淋上麻油混合均勻，吹電風扇冷卻。（9、10）
9. 適量的麵條放入盤中，鋪上喜歡的小黃瓜絲及豆芽菜，再淋上麻辣醬汁，灑上香菜即可。（11）

1 2 3 4,5

6,7 8 9,10 11

【自製辣椒油】

去年曬的乾辣椒還有一小袋，做個紅通通的辣油剛剛好。無辣不歡的我冰箱中隨時都要有這一罐自己手做的辣油，可以搭配各式各樣料理增加食欲。朝天椒乾取其火辣勁道，粗辣椒粉取其香氣及色澤，組合起來的成品味道更有層次。熱油分兩次澆入辣椒粉中，第一次炸出辣味，第二次炸出香氣，成品香味四溢，令人食指大動。

這雖然只是一道簡單的佐料，但是適當的與料理搭配就有著畫龍點睛的效果。

小叮嚀。。。

- 乾辣椒也可以使用粗辣椒粉代替，粗辣椒粉也可以使用乾辣椒代替。
- 液體植物油可以使用橄欖油、芥花油與大豆油等。

份量
約170g

材料
乾辣椒10g 粗辣椒粉10g
八角3～4粒 花椒粒1t 液體植物油150cc

做法

1. 乾辣椒放入食物調理機中打碎，與粗辣椒粉放入碗中。（1）
2. 將一半份量的液體植物油倒入鍋中燒熱。油熱後，放入八角及花椒粒，以小火炒出香味（約3分鐘）。（2）
3. 撈起八角及花椒粒，直接將熱油倒入辣椒粉中，並用湯匙攪拌均勻。（3、4）
4. 剩下一半的液體植物油倒入鍋中燒熱，再將燒熱的油倒入辣椒粉中混合均勻。（5～7）
5. 靜置放涼即完成。（8）
6. 成品裝瓶放冰箱冷藏保存。

1 2 3 4

5 6 7 8

主食

茶香蛋炒飯

帶著自己做的三明治，我們抽空到陽明山走走。台北盆地熱烘烘的像個大烤箱，但是山上涼爽的空氣卻要加件薄外套，真是避暑的好地方。放眼望去人不少，退休的老人家，暑假中帶著孩子出門走走的小家庭，還有熱戀中的情侶。

整座山蟬鳴繚繞，為牠們在陽光下短暫卻絢爛的一生賣力的歌唱。我們找了個樹下就吃起輕午餐，聊聊生活周遭的大小事，討論才看過的一部好電影。忙碌的日子中偷個閒讓頭腦放輕鬆，生活中最快樂的事不過如此。只要懂得知足，幸福隨手可得。

親愛的媽媽從安徽旅遊回來帶給我的鐵觀音，晚上沖泡一壺茶香餘韻口齒留香。除了泡茶，我將茶葉打碎加入簡單的蔬菜炒飯中，解膩又增添了回甘滋味。

認識食材

茶葉

茶葉為常綠灌木茶樹的葉子，將其嫩芽採下經過殺青、揉撚、乾燥等等過程製造出來，放入熱水中浸泡即可當作日常生活的飲品。茶葉茶本身具有獨特的清香，除了沖泡，也可入菜烹調，去油解膩。

份量

約3～4人份

材料

鐵觀音茶葉5g 紅蘿蔔50g 高麗菜100g
青蔥1支 雞蛋2個 甜玉米粒50g 冷飯400g

調味料

鹽1/2t 醬油1T

做法

1. 將鐵觀音茶葉用食物調理機打成粉末狀。（1）
2. 紅蘿蔔刨細絲；高麗菜切碎；青蔥洗乾淨，瀝乾水分，切成蔥花；雞蛋打散；甜玉米粒瀝乾水分。（2）
3. 冷飯用飯匙確實翻鬆。（3）
4. 炒鍋中倒入2～3T油，油溫熱後，放入紅蘿蔔絲翻炒3～4分鐘。（4）
5. 倒入蛋液炒散。（5）
6. 加入茶葉末混合均勻。（6）
7. 倒入翻鬆的飯快速翻炒。（7）
8. 用中小火，邊炒邊用鍋鏟將飯翻鬆搗散。
9. 然後加入調味料翻炒均勻（先嘗一下鹹度，再斟酌加鹽）。（8）
10. 再依序加入甜玉米粒、高麗菜及青蔥，快速翻炒1～2分鐘即可（不要炒過久，高麗菜就可以保持清脆口感也不會出水）。（9～11）

小叮嚀。。。

- 甜玉米粒若使用新鮮的玉米粒就要稍微多炒一下至熟。
- 也可以將蔬菜部分以冷凍蔬菜丁代替。
- 茶葉種類也可以使用自己喜歡的口味，例如烏龍茶、金萱茶與綠茶等。

1

2

3

4

5

6

7

8

9

10
11

主食

油。飯。

這是為朋友Annita量身做的油飯，希望遠在法國的她也可以做出好吃的油飯，和親愛的老公為為兩人嘗到家鄉味，一解思鄉之情。身在異鄉，對從小吃慣的食物會特別想念，我最好的同學D在法國就常常想念台灣的小吃，每次跟我通電話聊天聊到夜市中的甜不辣，蚵仔煎，就恨不得馬上坐飛機回來。食物彷彿在身體裡施了魔法，不論時間過了多久都不會忘記曾經吃過的味道。孩子的口味都是跟著媽媽，一代一代的傳承下來。

用電鍋煮油飯最大的問題就是水的比例不好控制，不過這次的油飯是我試過好幾次之後覺得比例剛好。煮出來的油飯很夠味，米粒也軟硬適中又有Q度，蒸好第一次要記得將油飯上下翻攪再蒸一次，好吃的油飯就完成。一鍋油飯一餐就吃光了。看著他們父子兩人一邊吃著一邊說：好吃，好吃，然後清空桌上的碗盤，就是我嘴角上揚的時候！

認識食材

乾魷魚

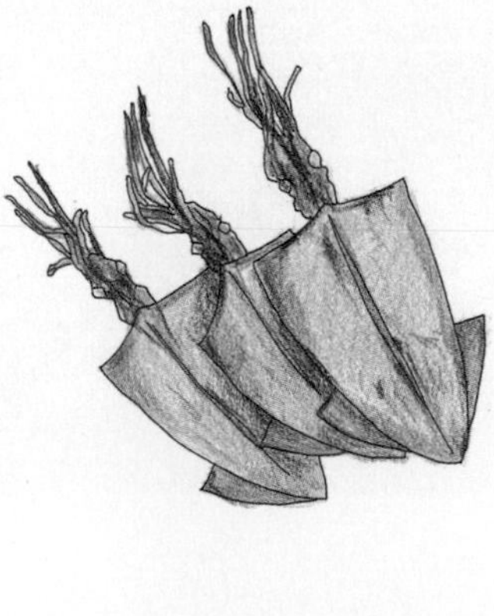

乾魷魚為新鮮魷魚曬乾製成，外形乾、硬、韌、老，同時也帶有較重的腥味。但是經過乾燥濃縮的過程味道更鮮香，口感特別。乾燥魷魚使用前必須先浸泡發漲才好入口。

份量
約5～6人份

材料
發泡魷魚1隻 乾香菇8～10朵 蝦米1小把
長糯米3杯 紅蔥頭5～6瓣 豬肉絲200g
薑3～4片

調味料
麻油3T 醬油2T 鹽1/2t
米酒1/4杯（約45cc） 冷水2杯（約360cc）

做法

1. 發泡魷魚切細條；乾香菇泡冷水至軟，切細條；蝦米泡冷水；長糯米洗乾淨，將水濾掉（水分都盡量濾乾，糯米不用泡，洗乾淨就可以）。
2. 紅蔥頭切碎，用少許油炒至金黃先盛起。（1）
3. 鍋中倒入3T麻油，放入薑片爆香，再加入肉絲炒熟。
4. 依序加入發泡魷魚、香菇、蝦米與炒香的紅蔥頭，拌炒約3分鐘。（2）
5. 加入長糯米、醬油、適當的鹽調味。（3）
6. 最後加入米酒1/4杯及冷水2杯，煮滾後關火，此時嘗一下味道，不要太鹹。（4）
7. 將所有材料盛到電鍋內鍋中，外鍋加1杯水（約180g）壓一次煮第一次。（5）
8. 跳起之後，將油飯翻鬆（底部的要翻上來），外鍋再加1杯水煮第二次。
9. 第二次跳起，再燜30分鐘即可。（6）

小叮嚀

・此處的杯為大同電鍋標準量杯，1杯白米等於145公克，1杯水等於180cc。

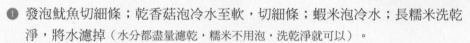

1

2

3

4

5

6

主食

哨子涼麵

學校畢業後，我就開始工作，十五年來幾乎沒有停止過。一般人生活中大部分的時間都是在公司中度過，與同事相處的時間甚至比家人還多。這麼多年來，我總共換了四個工作，遇到形形色色的人。有些人成為生命中不可缺少的一角，大多數的人卻是成為生命中過客。我從來不會強求任何友誼，也不會刻意親近，合則自然走在一塊，不合再多付出也是枉然。

這是多年前在公司附近小小的雲麵屋吃過的涼麵，酸甜的醬汁混合著新鮮蔬菜及堅果，是我很懷念的味道。天氣熱來上這麼一盤涼麵，胃口馬上就開了。

為什麼要叫哨子？這應該是長久以來慢慢演變的。哨子的意思類似肉臊，把一些葷素材料切碎炒香，就變成佐餐的醬料。炒一大碗肉臊子放冰箱，不管拌飯澆麵都適合。

認識食材

花生

花生為一年生草本植物花生的種子，也稱為長生果，土豆。營養價值高，含豐富的脂肪及蛋白質，可以直接食用或榨取食用油。少數人對花生有過敏反應，炒熟的花生味道佳，建議適量食用，多吃容易上火。

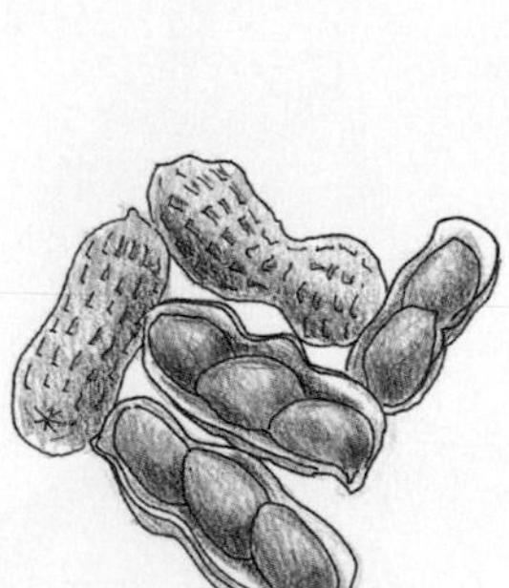

份量
約4人份

材料	豬絞肉350g 五香豆乾5～6片 青蔥3～4支 蒜頭4瓣
調味料	甜麵醬4T 醬油2T 米酒2T 黃砂糖1.5T 辣豆瓣1.5T
配料	細麵、炸醬、小黃瓜、紅蘿蔔、 鹽炒花生、熟白芝麻、香油適量
醬汁	醬油1T 蘋果醋1T

做法

1. 五香豆乾切小丁；青蔥、蒜頭切末。（1）
2. 鍋中熱2T油，將豬絞肉放入炒至變色（炒的過程中，用鍋鏟將豬絞肉搗碎）。（2）
3. 依序加入青蔥、蒜末與豆乾丁，翻炒1～2分鐘。（3、4）
4. 將所有調味料加入混合均勻。（5、6）
5. 蓋上蓋子，以小火燜煮至湯汁收乾即可。（7）
6. 小黃瓜、紅蘿蔔切成細絲；鹽味花生切碎。（8）
7. 細麵依照包裝標示時間煮熟撈起，馬上淋上一些香油拌勻，並用電風扇吹涼。（9）
8. 將所有材料放好，淋上適量的醬汁即可。（10）

小叮嚀。。。

・醬油&蘋果醋以一比一的比例將所有材料混合均勻即可，若沒有果醋可以使用米醋代替，再酌量添加少許細砂糖即可。

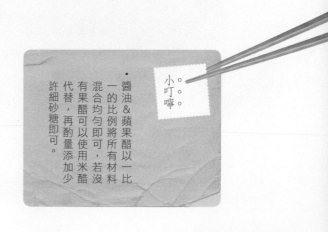

1

2

3

4

5

6

7

8

9

10

主食

高麗菜飯

高麗菜飯是老公最喜歡的料理，是他兒時最美味的記憶。常常聽到婆婆與小姑們提起他小時候連吃五碗高麗菜飯的輝煌記錄。阿嬤用大鍋煮出來的高麗菜飯，底部帶著香脆的鍋巴，那是他心底最棒的人間美味，每次看他提起這些回憶，神情都特別開心。

這一陣子高麗菜又漂亮又便宜，搬了兩大顆回家做好吃的高麗菜飯，天天吃都不覺得膩，煮一鍋連其他配菜都不用了。高麗菜的甘甜與米飯結合，一大鍋飯三個人都能吃到鍋底朝天。高麗菜一定要多加一點，煮出來才會特別爽口。

趁著菜價這麼便宜的時候，多吃點當季盛產新鮮的蔬菜，品質好又美味。

認識食材

高麗菜

高麗菜為結球甘藍，也稱包心菜或捲心菜，體積龐大，口感脆甜，吃法變化多。可以生食涼拌或是清炒煮湯，高纖維也有大量維他命C。耐放保存容易，是台灣一年四季都可看到的蔬菜。

份量
約5～6人份

材料	高麗菜600g 乾香菇5～6朵 紅蔥頭4～5瓣 蝦米1T 豬肉絲300g 白米400g 水470cc
醃料	醬油1t 米酒1t
調味料	麻油1T 米酒2T 醬油膏1T 鹽1/2t 白胡椒粉1/8t

做法

1. 高麗菜切成適當大小；乾香菇泡冷水軟化後，切條；紅蔥頭切末；蝦米洗淨。（1）
2. 豬肉絲加入醃料混合均勻，放置20分鐘入味。
3. 鍋中倒入4～5T油，放入紅蔥頭及蝦米炒香。（2）
4. 再加入豬肉絲翻炒至變色。（3、4）
5. 依序放入香菇、高麗菜翻炒。（5、6）
6. 最後加入調味料、米及水混合均勻煮至沸騰。（7、8）
7. 蓋上鍋蓋，放上瓦斯爐，用微火燉煮約15分鐘就關火。（9）
8. 火關掉，蓋子不要開，再燜20分鐘即可。（10、11）

小叮嚀。。。

- 若使用糯米泡水至少2個小時。
- 也可以將所有材料炒好後倒入電鍋內鍋中，外鍋放1杯水蒸煮1次，再燜30分鐘即可。
- 若使用大同電鍋標準量杯如下：2.5杯米約是400公克，3杯水約是470cc。

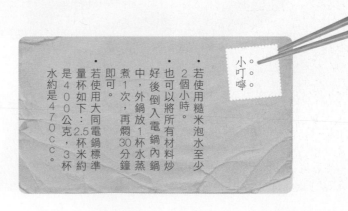

1

2

3

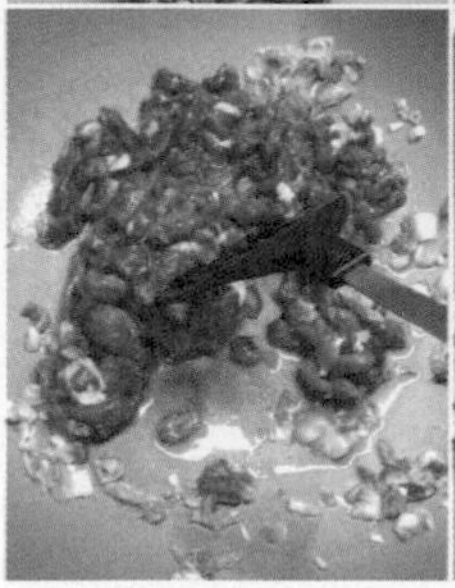

4

5

6

7

8

9

10

11

主食

皮蛋瘦肉粥

Leo最近為著學校大隊接力忙著練習，每天都累的拖著疲憊的身軀回家，腳上也磨出大大的水泡。雖然辛苦的練習，他卻沒有抱怨，每天都在修正自己的步伐。這次的大隊接力讓他們班上的感情更好。全班一塊為著目標努力前進，希望正式的比賽他們有好的表現。孩子在國中高中階段是最會吸收的年紀，雖然我們家只有三個人，但是Leo的食量卻是兩人份。曾經帶我們家附近鄰居小朋友跟Leo一塊出去吃飯，三個小孩卻吃了兩至三個大人的餐點。其中一個小女生看著驚訝的我笑著說，我們小孩正在長，所以吃的多。從此這句話變成我們家的至理名言，準備三餐或幫Leo帶便當，我一定會多加份量，希望他健康順利的長高長壯。

燉了一鍋好吃的瘦肉粥，米粒軟爛再加上我喜歡的皮蛋及油條，這鍋粥味道真好。排骨、牛肋條、小魚等任何自己喜歡的材料加一加就能夠熬出一鍋好粥。看著Leo吃了兩大碗，希望他疲累的身體能夠趕緊恢復元氣。

認識食材

皮蛋

皮蛋是以鴨蛋為原料製成的加工食品，因其表面出現的花紋類似松樹針狀葉，所以也稱為松花皮蛋。皮蛋顏色黝黑具有特殊風味，現在廠商製作過程皆使用無鉛方式，吃的更安心。

小叮嚀。。。

‧梅花胛心肉（前腿肉）適合長時間燉煮，口感不會變乾澀。

份量
約4～5人份

材料
胛心肉（前腿肉）350g 白米250g 水2500cc
薑3片 米酒30cc 鹽1/2T 白胡椒粉適量

醃料
米酒1T 鹽1/4小匙（鹹度依照個人口味調整）

配料
皮蛋、薑絲、油條、蔥花各適量

做法

1. 胛心肉切成約0.5公分的小丁狀，用醃料醃漬30分鐘。（1、2）
2. 白米洗淨，加入水、薑片、米酒、鹽及白胡椒粉。（3）
3. 最後加入醃好的肉丁。（4）
4. 以小火熬煮約1個小時至米粒完全軟爛。（5）
5. 皮蛋切成小丁狀；油條放入微波爐中微波30秒就變酥脆，折成小塊備用。
6. 將皮蛋丁及薑絲加入到煮好的粥中，以小火熬煮5～6分鐘。（6）
7. 最後灑上蔥花與適量的油條即可。（7、8）

1 2 3 4

5 6 7 8

Part 6

湯品

料理

養生滋補品鮮湯

柿餅燉雞湯

晚上吃火鍋，將使用了十多年以上的電磁爐從廚櫃中拿出來。這台電磁爐不是新式的微電腦感應，還是傳統機械式的操作。我跟老公開始稱讚這台老古董，使用這麼久還是老當益壯。

火鍋料一一上桌，所有人也就位，插頭插上，火光一閃，電磁爐竟然就在你一句我一句稱讚它的時候就這麼壞了，當場讓我們傻眼。老公大笑著說，我媽媽說，不能講，一講就破功。還真的很玄，有時候脫口說自己很久沒感冒，沒隔兩天就開始咳嗽流鼻水，老人家的哲理還真的很耐人尋味。

柿餅是新鮮的柿子經過陽光曝曬至乾燥而成的果乾，表面有一層白色的粉狀柿霜，是我回新竹常帶回台北的伴手禮。

陽光曬過自然有一股甘甜的香，柿子口感軟Q，甜味完全濃縮。新竹新埔有名的柿餅製造已經有百餘年的歷史，一簍簍整齊的金黃色柿子，場面壯觀，呈現收成的喜悅。柿餅除了當零食直接食用，拿來入菜燉補雞湯也是極品。台灣一年四季都有著不同的農產品，這些豐饒的物產讓這片土地更多元。多多利用這些大自然的珍寶來為家人準備充滿愛的料理，豐富家中的餐桌。

認識食材

柿餅

柿餅（白柿）是用柿子去皮留蒂晒乾製成，乾燥後外表會自然產生一層白色的果糖結晶粉末，就是所謂的柿霜。本草綱目稱白柿能治反胃咯血、血淋腸澼、痔漏下血，柿蒂煮汁則有止咳化痰的功效。柿餅一般做為零食點心食用，入菜燉煮更添加水果的自然甘甜。

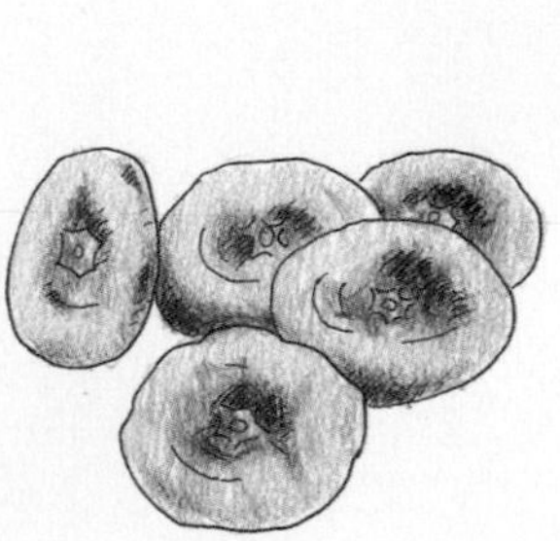

份量
約6～8人份

材料

切塊烏骨雞1隻（約1200g） 紅棗10顆 黑棗10顆
枸杞1.5T 薑3～4片 柿餅4個 水2500cc

調味料

鹽1t 米酒2T

做法

❶ 紅棗、黑棗及枸杞用水沖洗乾淨。
❷ 煮沸一鍋水，烏骨雞塊汆燙至變色撈起來。（1）
❸ 另外將清水2500cc煮沸，放入薑片（水量要能夠覆蓋住所有材料）。（2）
❹ 依序放入烏骨雞塊、柿餅、紅棗及黑棗（3、4）。
❺ 加入調味料，用中火煮沸。（5）
❻ 蓋上蓋子，轉小火，再燉煮50～60分鐘至雞肉軟。
❼ 要吃之前，加入枸杞再煮1分鐘即可。（6、7）

1 2 3 4

5 6 7

黑白木耳燉雞湯

結婚後我們在台北市近郊買了房子，優點是空氣好，住家單純，但是缺點是距離市中心遠，交通及生活機能多少也比較不方便。剛搬來的時候，附近要找一間便利商店都很不容易，更別說什麼小餐館或熱鬧的市集。採購買菜也只能利用假日開車出門補足一星期的日常生活用品。也許就是因為這樣的原因，我必須自己烹煮三餐，不然一家三口為了吃這件事就非常麻煩。

幾年前由阿部寬主演的一部暢銷日劇：《不結婚的男人》。劇中主人翁桑野信介是一位建築師，他設計房子的信念是把廚房放在屋中最顯眼的地方，因為廚房就是幸福家庭的中心。台灣大部分的住宅設計都把廚房位置放在最不重要的角落，好像這只是個煮泡麵或開水的地方。大家注意的只是客廳是否寬敞，臥室採光是否明亮，卻忽略了這個每天供應三餐為健康把關的重要空間。廚房中收納空間要夠多，通風要好，光線要充足，在舒適的環境中料理，每一道佳餚都給家人滿滿的愛。

站在廚房中的我，就好像擁有了力量。

認識食材

白木耳

白木耳富含多醣體，能養顏美容、潤肺止咳及增強免疫力。新鮮的白木耳含有嘌呤類的光敏感物質，食用後日曬會引起皮膚過敏，乾燥過程中過敏物質會消失，所以一般我們買到的都是經過乾燥製成。白木耳可甜可鹹，是非常養生的材料。

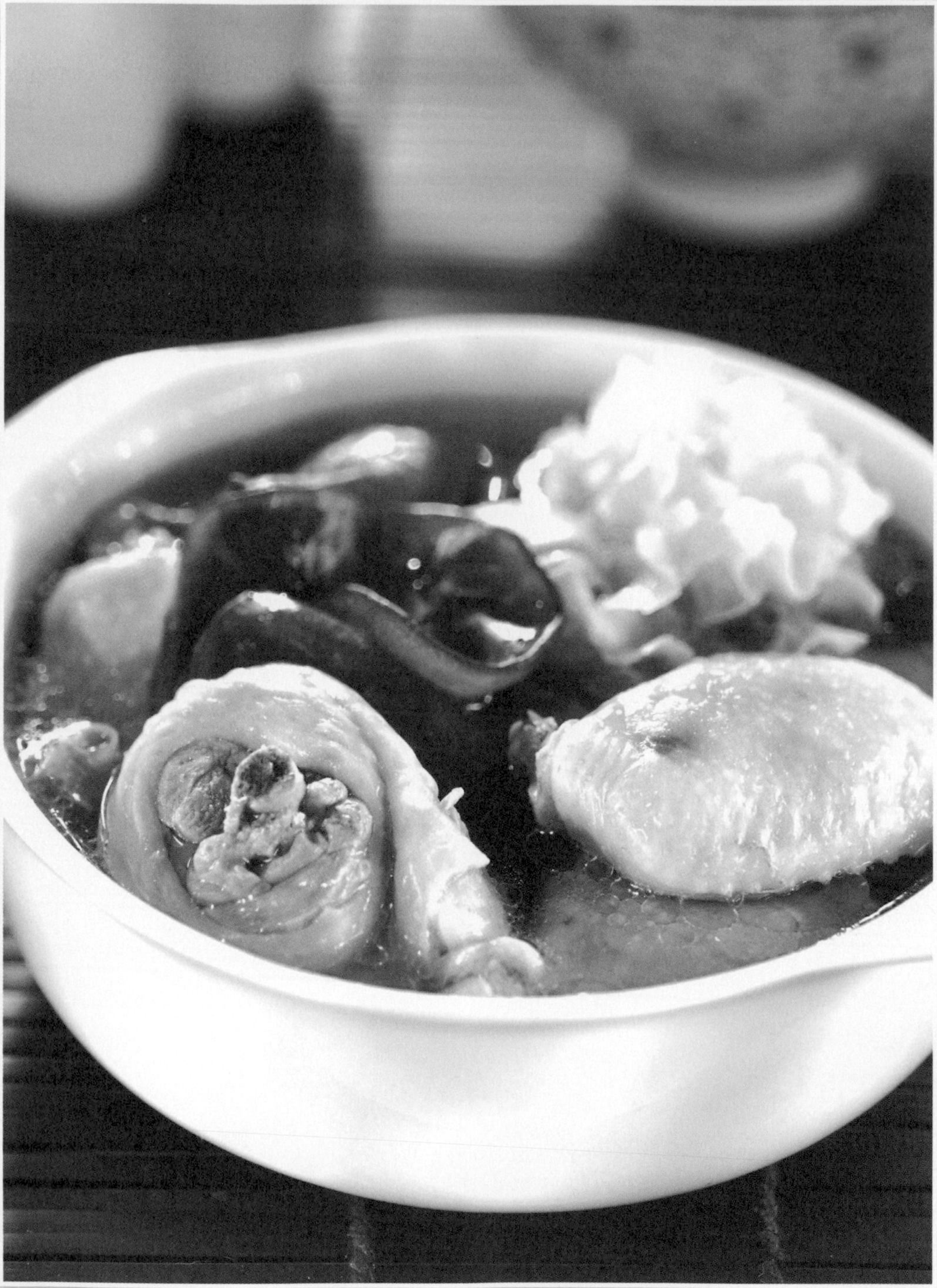

份量
約5～6人份

材料
乾燥白木耳15g 新鮮黑木耳150g 青蔥2支
仿土雞1/2隻（約600g） 水2500cc 薑2～3片

調味料
醬油1t 米酒2T 鹽1t

做法

1. 乾燥白木耳用水沖洗乾淨，泡足量的水2～3小時膨脹軟化撈起，瀝乾水分。（1）
2. 青蔥切大段。
3. 煮沸一鍋水，將雞塊汆燙至變色撈起來。（2）
4. 另外將水2500cc煮沸，放入薑片及青蔥段（水量要能夠覆蓋住所有材料）。
5. 依序放入雞塊、白木耳及黑木耳。（3、4）
6. 加入所有調味料，用中火煮沸。（5）
7. 蓋上蓋子，轉小火，再燉煮45～50分鐘雞肉軟即可。（6）

1 2 3 4 5 6

酸菜肚片湯

第一次看到老公的時候，是在我第一個工作的事務所。看見他的第一眼，我心裡覺得他真是土，全身上下都不是我的style，腳上還穿著一雙毫無設計感的鞋子。但是他很貼心，知道我是畢業第一天上班，擔心我被新環境嚇跑，特地請其他女同事來跟我說說話，降低生疏感。

真的認識他後，我被他爽朗的個性吸引，有一次兩人出遊到陽明山，途中一群大學生機車故障，他二話不說就下車幫忙，那是他給我的第一個好印象。看到他握方向盤的一雙大手，莫名給我一股安全感。原本各自規畫著不同人生的兩個人，竟然就這麼自然的交織在一塊，緣分真的很奇妙。

他不會說好聽的話，情人節也不懂得送花買禮物，為了這些事，還曾經跟他發脾氣罵他小氣。但是，這麼多年生活在一塊兒，袋子中最甜的那一顆水果一定在我盤中，我愛吃蝦卻懶得剝，他也不動聲色把蝦肉剝好往我碗裡擱。存簿中有多少錢，薪水領了多少，我一定馬上知道。我們彼此信任，沒有任何秘密。

謝謝老公給了我一個甜蜜的家，不論悲與喜，快樂或傷心，都讓人回味珍惜。

認識食材

酸菜

這裡指的是一般我們稱的客家酸菜，是由十字花科的芥菜醃製而成。含有豐富的鐵及膳食纖維，開胃爽口，是客家菜別具風味的食材之一。料理中加入酸菜可以增添特別風味，酸菜中因為已經含有鹽分，另外添加的鹽份量必須斟酌。

小叮嚀。。。

• 因為酸菜鹹度不一，鹽的份量請依照個人口味斟酌。

份量

約4～5人份

材料

豬肚1副（約400g） 青蔥2～3支 薑5～6片
酸菜150g 熟竹筍150g 水2000cc

調味料

米酒2T 鹽1/4t 麻油1/2t

做法

1. 豬肚將內裡翻出，用麵粉仔細搓揉，並清洗掉黏液；青蔥切大段。
2. 燒一鍋水，放入一半的薑片及青蔥煮沸。（1）
3. 放入豬肚，以小火熬煮40分鐘至軟，撈起切成片狀。（2、3）
4. 酸菜清洗乾淨切片；熟竹筍切片；剩下的薑切絲。（4）
5. 另外再將水2000cc煮沸，依序放入所有材料（水量要能夠覆蓋住所有材料）。（5、6）
6. 加入米酒及鹽，用中火煮沸。（7）
7. 蓋上蓋子，轉小火，再燉煮30～40分鐘。
8. 將薑絲加入煮5分鐘。（8）
9. 上桌前，淋上少許麻油即可。（9）

1 2 3 4

5,6 7 8 9

鐵觀音卦菜雞湯

台北木柵近郊的貓空出產好喝的鐵觀音，山上雲霧裊裊，氣氛真好。微微細雨中，我們笑的甜蜜，兩個人的世界，怎麼樣都是幸福。

跟所愛的人一塊品味的那碗雞湯正是生活中最美之事，想到為了心愛的人親手燉煮雞湯，就可以回憶起某段幸福的浮光掠影。雞湯的溫度給了身體溫暖，慰藉了兩顆相愛的心。城市中處處都是風景，慢食，慢活，慢讀，細細的享受人生。

親愛的，我要把你的模樣好好記在心中，我好怕變老，怕老到記不得你所有的好。兩個人在一起久了會越來越像，常常我們在看完一個片段或是一則新聞時，會不約而同脫口而出相同的一段句子及看法。這時候，我們會相視而笑，一股暖流從心底經過。覺得自己真的很幸運，身邊有如此跟我貼近的人生伴侶。

我要將這份美好輕輕藏在心中，因為這是生命中不可取代的幸福時光！

認識食材

卦菜

即芥菜，又稱刈菜，卦菜是閩南人稱刈菜的發音，為十字花科，含有豐富的維生素、胡蘿蔔素、礦物質及膳食纖維。盛產於冬季，是除夕圍爐常見的菜餚。卦菜也是製造酸菜或梅乾菜的重要食材。

份量
約5～6人份

材料
切塊烏骨雞1/2隻（約600g） 鐵觀音茶葉10g
卦菜400g 水1500cc 薑2～3片

調味料
鹽1t 米酒2T

做法

1. 煮沸一鍋水，放入烏骨雞塊汆燙至變色撈起來。（1）
2. 鐵觀音茶葉用熱水浸泡2～3分鐘撈起。（2）
3. 卦菜清洗乾淨，切成塊狀。（3）
4. 將卦菜在沸水中汆燙1分鐘撈起，沖冷水撈起備用。（4）
5. 水1500cc煮沸，依序放入薑片、鐵觀音茶葉及雞肉（水量要能夠覆蓋住所有材料）。（5）
6. 加入所有調味料，用中火煮沸。（6）
7. 蓋上蓋子，轉成小火，再燉煮30～40分鐘至雞肉軟。
8. 再加入卦菜熬煮10分鐘即可。（7、8）

1 2 3 4

5 6 7 8

菇菇燉雞

一個星期沒有幾天好天氣，真讓人煩悶。雨持續的滴滴答答，衣服都晾不乾，除溼機終日運轉不停。這時候在廚房專心做料理就可以讓我靜下心來。每天我在廚房待的時間超乎想像中的長，除了料理基本的三餐，我還要烘烤每天的麵包或午茶甜點，有時候幾乎一整天都在廚房團團轉。但是這些事情我一點都不覺得煩瑣，反而甘之如飴，因為看到家人吃的開心的笑臉，就是我源源不絕的動力。

台灣有著各式各樣的新鮮菇類，向來就是蔬菜中的上品。優美的身形，鮮嫩的組織，爽脆的口感，烹飪之後獨特的芳香一直是食材中的貴族。無論燉煮清妙炸或做成餡料都是極品，隨著料理散發出來的香味總是讓人垂涎欲滴。

翻翻冰箱，切切洗洗，我的料理天地平淡又美味。晚餐來鍋菇菇燉雞，早上市場才買的通體細長口感爽脆的雪白菇及組織緊實有嚼感的杏鮑菇，再加上香味醇厚的乾香菇。菇鮮雞嫩，滋味單純甘美。

認識食材

杏鮑菇

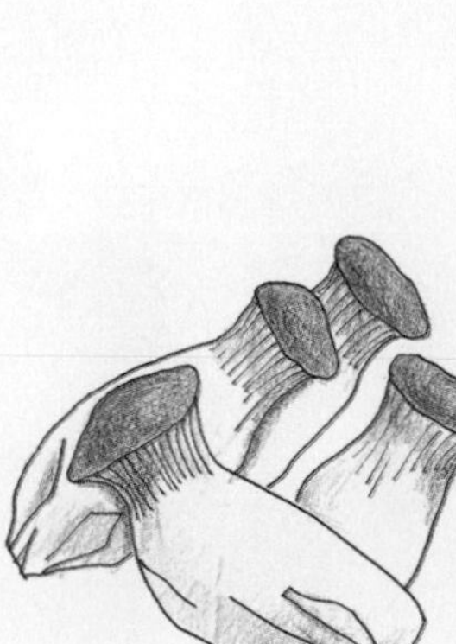

杏鮑菇有著獨特肥厚的菌柄，因略帶杏仁香氣，口感與鮑魚相似而得名。細密的質地，Q滑脆嫩，又富含蛋白質，適合素食者用以取代肉品烹調。菇類買回家不要久放，吃之前才用水沖洗，趁新鮮食用。

份量
約5～6人份

材料　全雞1隻（約1公斤） 青蔥2支 杏鮑菇150g
白精靈菇150g 乾燥香菇5～6朵
薑4～5片 水2000cc

調味料　米酒2T 鹽1t

做法

1. 全雞洗乾淨；青蔥切大段；杏鮑菇切片；白精靈菇切段。
2. 將青蔥塞入雞腹中。（1）
3. 水2000cc煮沸（水量要能夠淹沒全雞），水滾後放入薑片。
4. 依序放入全雞及所有菇類。（2、3）
5. 煮沸的過程中用湯匙將浮末撈起。（4）
6. 加入調味料混合均勻。
7. 蓋上蓋子，以小火燉煮45～50分鐘即可。（5）

小叮嚀

• 菇類都可以使用自己喜歡的任何品種。例如：洋菇、柳松菇、鴻喜菇、金針菇、鮮香菇或木耳等。份量也可以隨自己喜好更改。

1
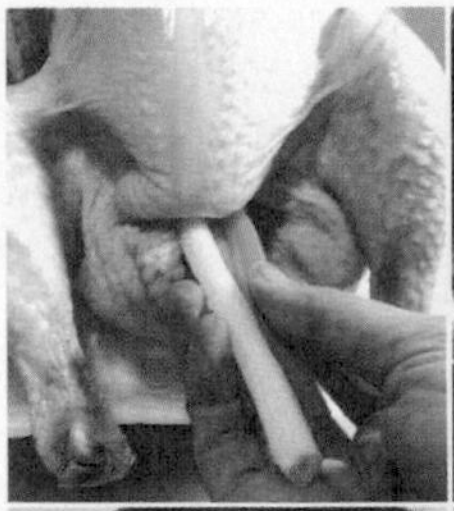

2
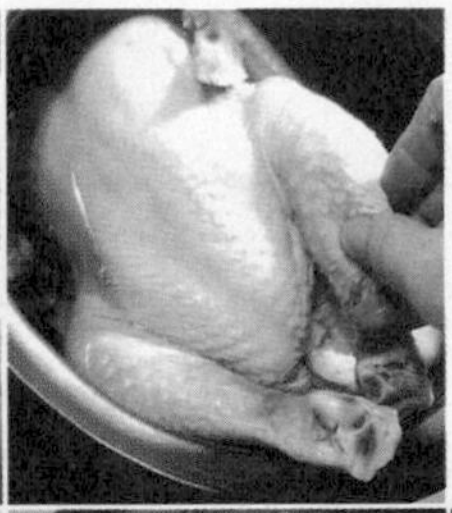

3

4

5

番茄金針排骨湯

雨停了，在家悶了一段時間，雖然手上還有一些事在忙，還是想出門晃晃轉換一下心情。書店、文具店、飾品店都是我喜歡逛的地方。累了在路邊吃盤臭豆腐，買杯冷飲。偷得浮生半日閒，沒有特別的目的，純粹在街頭溜搭就是件再簡單不過的幸福。

走累了，找一間速食店點杯咖啡，坐在窗邊就這麼無聊地東觀西望，看著來來去去的人，猜想他們的工作是什麼，用一個旁觀者的角度觀察這個城市，頭腦完全放鬆。這樣悠閒無所事事的感覺，在匆匆忙忙的台北格外令人珍惜。

回家前，特別繞到平時常去的超市，順便帶一點菜回家。超市冷藏室中擺放整齊的食材給人安心的感覺。真正的生活其實再平凡不過，沒有大起大落，轟轟烈烈的激情。生活就是煩瑣的吃喝住行，小市民關心的就是一些日常瑣事，好比牛奶漲價了，哪一條馬路又在修了。生活就這麼一天過一天，我在自己的世界中找到幸福。

餐桌上有一鍋熱騰騰的湯是很開心的事，湯鮮滋味濃，溫暖餐桌上的每一顆晚歸的心。加了大量番茄熬煮，這鍋排骨湯不僅顏色漂亮，味道也醇厚。用新鮮番茄做料理，好處多多！

認識食材

金針

金針又稱忘憂草學名萱草，萱紙就是用它的葉子製成的。我們食用的花中含多種維生素及礦物質，是一種營養的食品。但是新鮮金針帶有為毒性的生物鹼，生食會有腹瀉的中毒反應。

份量
約5～6人份

材料
豬小排600g 番茄450g 青蔥1～2支
乾燥金針50g 薑3～4片 水2500cc

調味料
米酒2T 鹽1t

做法

1. 煮沸一鍋水，豬小排汆燙至變色撈起來。（1）
2. 番茄洗淨去蒂切大塊；青蔥切段。
3. 乾燥金針泡清水軟化，用沸水煮4～5分鐘撈起，再瀝乾水分。
4. 另外煮沸2500cc的水，放入青蔥及薑片。（2）
5. 放入排骨，並加入調味料。（3～5）
6. 大火煮開之後，轉小火再煮45分鐘。
7. 加入金針及番茄，再以小火熬煮15分鐘即可。（6～9）

1 2 3 4,5

6 7 8 9

鳳梨苦瓜雞

雖然沒有上班，我每天的生活還是非常規律。早早就要把計畫中的大小事情寫在記事本上，才會覺得安心。每天早晨先發文，回文，然後就是一連串的家事及廚房的工作。只要一件事情沒有完成，一整天都掛記著。

這樣的生活雖然單純，但是每天花費的時間並不亞於之前在公司上班，有時候反而因為要回覆網友大量的留言及詢問，在電腦前待的時間更長。但是因為是做自己喜歡的事，我完全不以為苦，也會覺得自己可以給大家一些諮詢參考，感覺到對社會也有一點點小小的貢獻。

這個小小空間我很努力的維護，希望真的可以做為廚房交流參考的地方。也許這裡版面比較單調，也許這裡偶爾會因為我的粗心有些許錯誤，也許我的料理方式不一定是正統的做法。但是無論如何都要謝謝每一個來訪的朋友，我會堅持最初的想法，一直做自己。

我愛苦瓜，夏天就是想多吃一點苦瓜，感覺特別退火。看到綠油油的山苦瓜更是開心，好像吃下肚就可以趕走炎熱的天氣。燉一鍋好湯，讓味蕾感動！

認識食材

鳳梨

鳳梨與柑橘、香蕉同為台灣三大名果，多樣的改良品種不僅口味多元香甜多汁，產季更是分布全年。除了當鮮果實用，也是許多名菜的素材。添加在料理中酸甜可口達到開胃的功效。鳳梨盛產的時候加入豆粕及鹽醃漬成鳳梨醬滋味鮮美，是客家料理中重要的佐料。

份量
約4～5人份

材料	山苦瓜1條 仿土雞半隻（切塊） 薑7～8片 黃豆鳳梨醬300g（含1/3湯汁） 水2000cc
調味料	米酒2T 鹽適量

做法

1. 山苦瓜洗乾淨，去籽切塊。（1）
2. 燒一鍋水，加入2～3片薑片煮沸。（2）
3. 放入切塊的雞肉，汆燙至變色就可以撈起（湯汁不要了）。（3、4）
4. 另外再將水2000cc煮沸（水量必須能夠淹沒所有雞肉塊）。
5. 水滾後，放入將事先汆燙好的雞肉塊及剩下的薑片。（5）
6. 再加入鳳梨醬及米酒混合均勻。（6、7）
7. 蓋上蓋子，以小火燉煮15分鐘（表面若出現浮末請撈起）。
8. 最後放入適量切好的苦瓜（此時嘗嘗味道是否需要加鹽）。（8）
9. 蓋上蓋子，以小火燉煮12～15分鐘即可。（9）

小叮嚀。。。

‧苦瓜都可以選擇自己喜歡的品種。
‧鳳梨醬本身已經有鹹味，請依照實際狀況斟酌另外添加鹽的份量。
‧喜歡吃軟爛一點，可以將時間延長多燉煮一會兒（不過胸肉部分煮久，口感會澀）。
‧鳳梨醬可以在一般超市購買。
‧半雞也可以使用4至5支雞腿代替。

1

2

3

4

5

6

7

8

9

蘿蔔海帶排骨湯

好冷好冷的天氣，窩在家裡好幾天都不想動。看著空空的冰箱必須添購食材，所以頂著毛毛細雨到傳統市場買菜，也順便活動一下發懶的筋骨。

市場的熱鬧讓人一下子就精神好，看到三盤兩百元的鮮魚好開心，馬上就挑三盤，覺得自己運氣真好。轉一圈回來，剛剛三盤兩百元的魚已經變成四盤兩百元，看著自己手上的袋子，臉上瞬間三條線！

最近是白蘿蔔大出的季節，價錢便宜品質又好，燉湯紅燒都少不了。這麼冷的氣溫，吃飯有一鍋熱湯最好，溫暖心也溫暖胃。乾燥海帶提鮮增香，讓湯頭更回甘。

認識食材

乾燥海帶

乾燥海帶是新鮮海帶乾燥製成，蘊含許多蛋白質及礦物質，尤其是大量的碘。雖然可能流失了一些新鮮海帶中豐富的維生素C，但因可以長久存放，方便隨時取用。乾燥海帶表面會有一些白色鹽巴狀粉末均勻分布，使用前不需要浸泡太久，稍微泡5～6分鐘即可料理。儲存乾燥通風的地方，密封保存避免受潮補。

小叮嚀。。。

・乾燥海帶也可以使用新鮮海帶。

份量
約5～6人份

材料
豬小排骨600g 乾燥海帶1片 青蔥2支
白蘿蔔350g 薑4～5片 清水2000cc

調味料
米酒2T 鹽1t

做法

1. 排骨洗乾淨；乾海帶泡冷水軟化；青蔥切大段；白蘿蔔去皮，切成自己喜歡的大小。（1）
2. 燒一鍋水，將排骨放入汆燙至變色就可以撈起（湯汁不要了）。（2）
3. 另外再起一鍋水煮沸（水量必須能夠淹沒所有材料），放入蔥段及薑片。（3）
4. 水滾後，將事先汆燙好的排骨、白蘿蔔放入。（4、5）
5. 加入將米酒及鹽及。（6）
6. 蓋上蓋子，小火燉煮35分鐘（表面若出現浮末請撈起去除）。（7）
7. 然後再將泡軟的海帶放入（此時請嘗嘗鹹度）。（8）
8. 蓋上蓋子，以小火再燉煮15～20分鐘至海帶軟即可。（9）

1
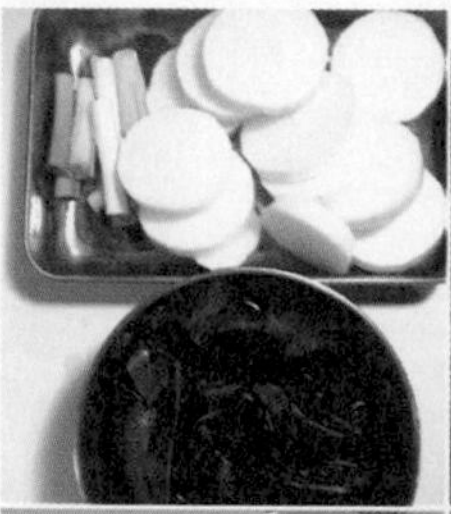

2

3
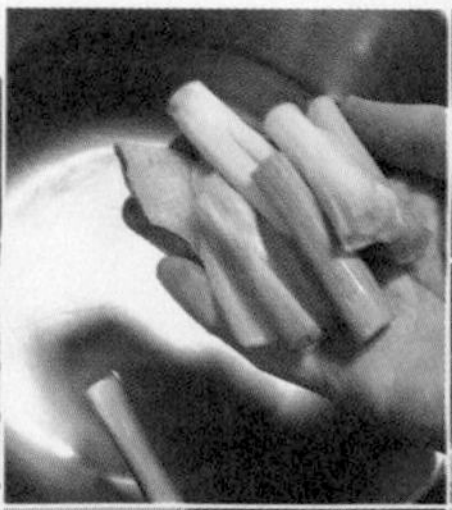

4,5
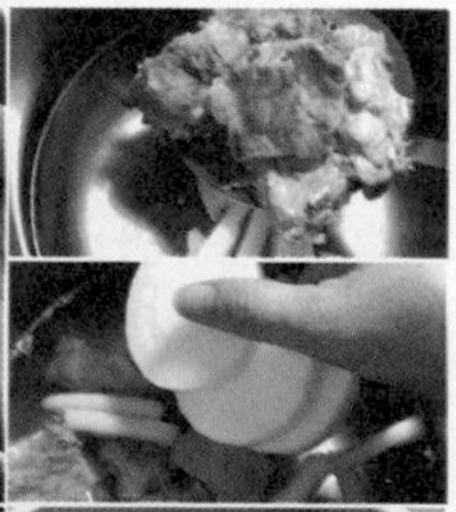

6

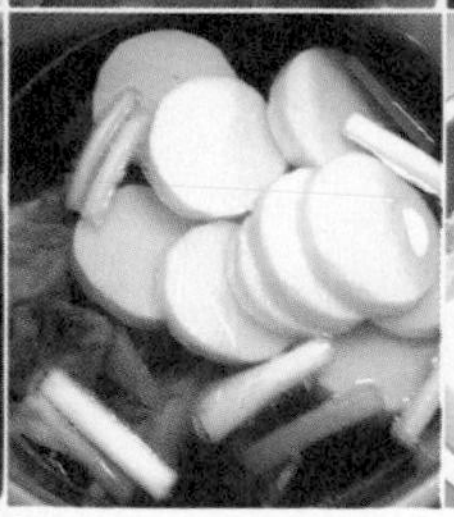
7

8

9

牛蒡花瓜燉雞

在台灣吃牛蒡應該是受到日本的影響，在古代，牛蒡是一種幫助身體保持良好狀態的一種溫和藥草，即使每天食用也不會有副作用。最常見的吃法就是燉煮，或是切絲加入紅蘿蔔，用醬油及糖一起拌炒成營養豐富的小菜。牛蒡的纖維可以幫助腸胃蠕動，減少廢物在體內堆積，對長期便秘的人非常有效果。

這個冬天台北真是冷到極點，水龍頭流出來的水都像冰水般寒澈骨。天氣太冷，做什麼事都提不起精神，連進廚房都懶。但是雖然Leo回阿公家過寒假，我跟老公還是要好好吃晚餐，煲一鍋好湯最不傷腦筋，喝一碗體力都恢復。

醃漬過的花瓜與雞湯結合，不僅直接調味也讓湯汁更鮮美。再加上大量的高纖維牛蒡，這鍋湯讓冷冷的身體回復元氣。不管外面再怎麼寒冷，家永遠是最溫暖的守護。

認識食材

蔘鬚

蔘鬚是人蔘的支根，富含一種固醇類化合物人蔘皂，具多種功效，能強化免疫力。歐美也有許多相關相皂忒抑制癌細胞增生及轉移的研究。較於人蔘，是一種經濟實惠的補品，也是藥燉料理重要的藥材。

小叮嚀

・因為花瓜已經含鹽，鹹度請依照個人口味調整，另外添加的鹽請適量斟酌。

份量

約3～4人份

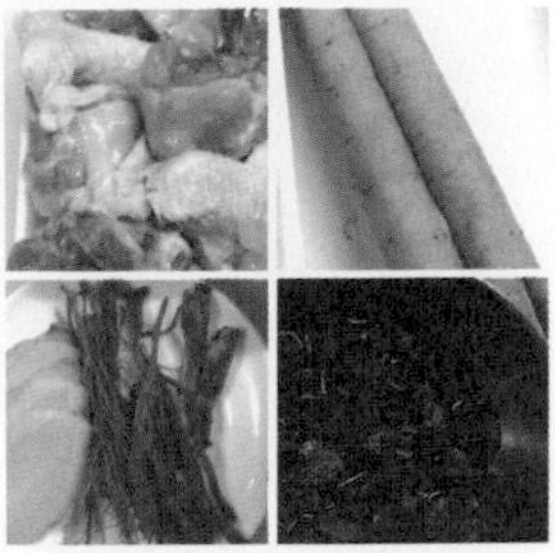

材料

雞肉半隻（約600g） 牛蒡200g（約1支）
薑3～4片 花瓜150g（含1/4湯汁）
蔘鬚5～6根 冷水1500cc

調味料

米酒2T 鹽1/4t

做法

1. 雞肉切塊；牛蒡刷洗乾淨，連皮切成厚約0.5公分的片狀。（1）
2. 燒一鍋水，將雞肉塊放入汆燙至變色就撈起（汆燙完的水不要了）。（2、3）
3. 另外再起一鍋水煮沸（水量必須能夠淹沒所有材料），放入薑片。
4. 水滾後，放入事先汆燙好的雞肉塊及牛蒡片。（4、5）
5. 花瓜連湯汁倒入。（6）
6. 再加入蔘鬚及調味料。（7）
7. 蓋上蓋子，以小火燉煮30～35分鐘即可（表面出現的浮末請撈起）。（8、9）

1 2,3 4 5 6 7 8 9

菜心丸子湯

最近菜心上市，在市場或賣場都可以看到。這是婆婆常常煮的一道湯品，菜心清甜，湯頭鮮美，好喝極了，每次回家都會多盛一碗。

記得剛結婚時回婆婆家幫忙年夜飯，看到菜心都不知道如何處理，笨手本腳的把整條菜心削的都沒剩多少，讓婆婆看了趕緊接手。

現在的我處理菜心已經不是問題，所以看到盛產一定會帶幾條回家，不管是涼拌或煮湯都讓餐桌多了變化。自己做的肉丸子安心又美味，和翠綠爽口的菜心是很棒的搭配。

認識食材

菜心

菜心為大芥菜的莖，將較硬的外皮剝除，內部就是含水多又清脆鮮嫩的組織。芥菜冬天盛產，菜心帶點微苦，可以煮湯或醃漬涼拌。

份量
約4～5人份

材料
豬絞肉300g 青蔥1支 雞蛋1個 太白粉1T
豬骨高湯1500cc（參見P.361） 菜心2支（約600g）

調味料
A. **肉丸子**：米酒1T 鹽3/4t 白胡椒粉1/4t
B. **丸子湯**：米酒1/2T 鹽適量 白胡椒粉適量

做法

1. 豬絞肉剁細一些至有黏性產生。（1）
2. 青蔥切成蔥花。
3. 將豬絞肉、雞蛋、2/3青蔥末、太白粉及調味料A放入盆中，以同方向攪拌5～6分鐘至均勻。（2）
4. 完成的肉餡可以事先做好，放冰箱冷藏備用。（3）
5. 先用小刀輔助，將菜心表面硬皮撕下，再使用刨刀，將菜心較粗纖維削乾淨。（4、5）
6. 削好的菜心切成滾刀塊。（6）
7. 豬骨高湯煮沸後，加入適量的鹽調味，放入菜心，以中小火熬煮10分鐘至菜心軟（不喜歡菜心太軟，可以減少熬煮時間）。（7）
8. 用手抓取適量肉餡，利用虎口擠出一個球形，用湯匙將擠出的肉丸子舀起，放入煮沸的菜心湯中。（8～10）
9. 依序將所有肉餡做完，加入1T米酒，將湯煮至沸騰至肉丸子熟透。
10. 最後灑上些白胡椒粉及剩下的蔥花即可。（11、12）

小叮嚀

‧高湯也可以使用市售高湯塊＋清水，但是因為高湯塊本身已經含鹽，另外添加的鹽請斟酌減少。

1

2

3

4

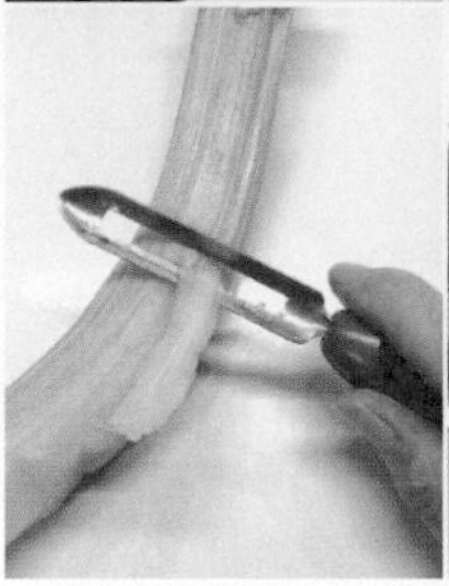
5

6

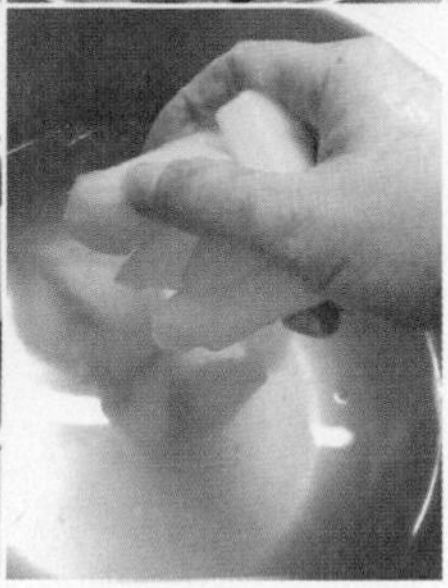
7

8

9
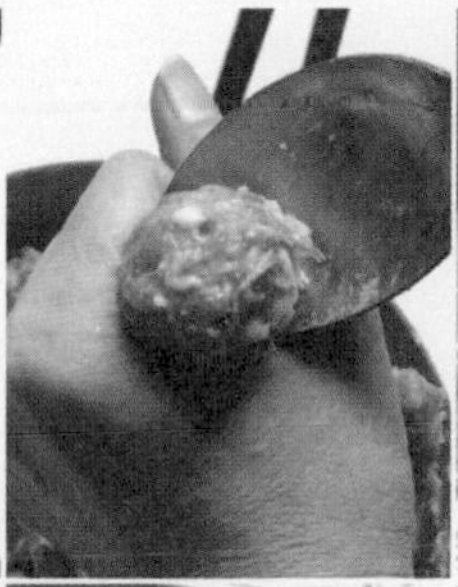

10

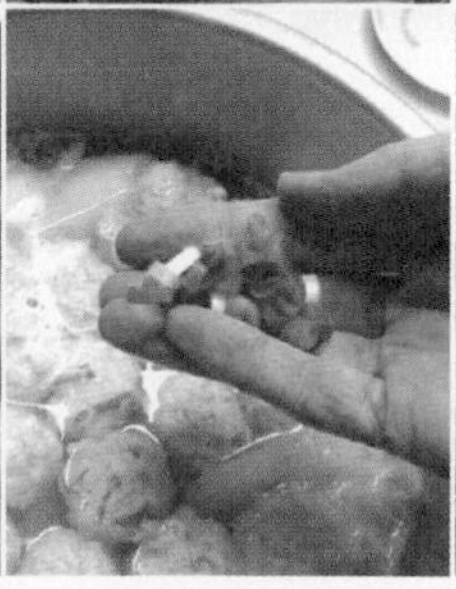
11

12

蓮藕排骨薏仁湯

夏天的蓮耦很鮮嫩，是清涼的單季時材，涼拌或煲一鍋好湯都不錯。不想吃飯的時候，來一碗用料豐富的湯品，有肉有菜，飽足又沒有太多負擔。燉湯最簡單，材料丟一丟，時間到就給你一鍋美味。偶爾心血來潮，或是在一些特別的節日，我會想做些新鮮的料理，試著將不同的材料放在一起，反而得到很多味覺上的驚喜。

喜歡吃蓮藕爽脆的口感，記得蓮藕要晚一點下鍋，當天燉好的湯沒吃完，隔天再回鍋一下，蓮藕變得綿密鬆軟，又是另一種不同味道。

女子的青春好短暫，二十歲燦爛如花朵，一過了四十歲，好像就跟美麗時尚再也無緣。好聽點的稱妳是「熟女」，直接點就喊妳「歐巴桑」了。但是女人不管到了幾歲都要好好愛自己，千萬不可以懶散，燉鍋好湯，聽場音樂會，看本好書，讓自己優雅也美麗。

舀起一杓，湯的溫度剛剛好，多種材料入口滿懷幸福。能夠這樣喝碗好湯，平平淡淡過日子就是福氣！

認識食材

蓮藕

蓮的品種一般依栽培目的不同而分為三大類「蓮藕」、「蓮籽」、「蓮花」，食用的蓮藕就是「蓮藕」的地下莖。蓮藕含黏液蛋白及澱粉，能降低膽固醇，也可以做為料理勾芡使用。

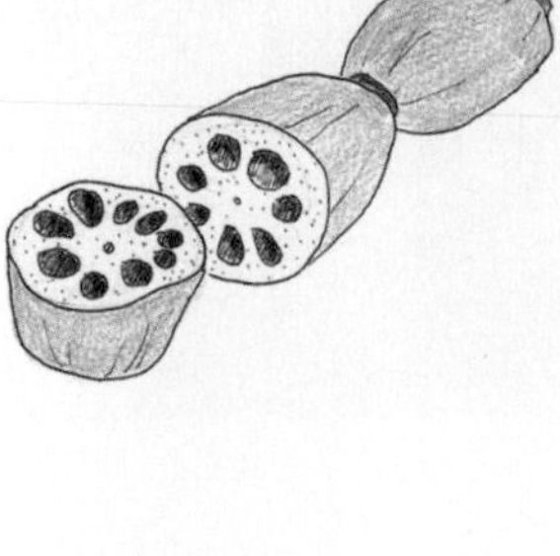

小叮嚀

- 若喜歡蓮藕比較脆的口感，蓮藕可以晚30分鐘再加入。
- 薏仁及紅棗依照自己喜歡斟酌添加。

份量
約5～6人份

材料　大薏仁50g　蓮藕600g　紅棗1小把　青蔥1～2支　豬小排600g　薑3～4片　水2000cc

調味料　米酒2T　鹽1t

做法

1. 大薏仁泡水一夜。
2. 蓮藕洗淨切約1.5公分厚；紅棗沖洗乾淨；青蔥切段。（1）
3. 煮沸一鍋水，將豬小排汆燙至變色撈起來。（2）
4. 另外煮沸2500cc的水，放入青蔥及薑片（水量要能夠覆蓋住所有材料）。（3）
5. 依序放入排骨、大薏仁、紅棗及蓮藕。（4～6）
6. 加入調味料，以中火煮沸。（7）
7. 蓋上蓋子，轉小火，再燉煮45～50分鐘排骨軟即可。（8）

1　2　3　4

5　6　7　8

【高湯做法】

材料

豬大骨600g 青蔥2～3支
薑3～4片 米酒2T 水2000cc

做法

1. 豬大骨洗淨，青蔥切大段。
2. 水燒開，將豬大骨放入，先汆燙至變色就撈起，將水倒掉。
3. 再重新燒一鍋水（水量需蓋過豬大骨），放入薑、蔥段、豬大骨及米酒。
4. 小火熬煮40～60分鐘即可。
5. 此高湯可以運用在各式各樣料理中。
6. 加一些蘿蔔、苦瓜等自己喜歡的蔬菜及適量的鹽調味就成為簡單的湯品。

。。。小叮嚀

- 豬大骨也可以使用二至三付雞骨架代替熬成雞骨高湯。
- 一般使用在料理上的高湯不會加鹽調味，才不會影響料理本身的鹹度。
- 完成的高湯可以分裝放冷凍保存三至四個月以上，使用前再退冰加熱即可。
- 豬大骨上的筋肉可以剝下來沾一點醬油吃掉，這樣一點也不浪費，而且肉煮的很軟，味道很好。
- 也可以直接使用市售高湯塊加水煮成高湯，但是因為市售高湯塊本身已經含鹽，所以料理另外添加的鹽就必須酌量減少。

1 2

3 4

本書出現的食材與料理
（不含蔥、薑、蒜、辣椒等辛香料）

滿足館Appetite 012

自在生活

涓涓的101道家傳好味

作　　　　者　胡涓涓 (Carol)
攝　　　　影　黃家煜
編　　　　輯　丁憶吟
封面・版型設計　行者創意
內 頁 完 稿　Heather Yang
印　　　　務　黃禮賢、李孟儒

出 版 總 監　黃文慧
副　總　編　梁淑玲、林麗文
主　　　　編　蕭歆儀、黃佳燕、賴秉薇
行 銷 企 劃　林彥伶、朱妍靜

社　　　　長　郭重興
發行人兼出版總監　曾大福
出　版　者　幸福文化／遠足文化事業股份有限公司
粉　絲　團　http://www.facebook.com/happinessbookrep/
發　　　　行　遠足文化事業股份有限公司
地　　　　址　231新北市新店區民權路108-2號9樓
電　　　　話　(02) 2218-1417
傳　　　　真　(02) 2218-8057
電 了 信 箱　service@sinobooks.com.tw
網　　　　址　http://www.bookrep.com.tw
郵 撥 帳 號　19504465
戶　　　　名　遠足文化事業股份有限公司
印　　　　刷　成陽印刷股份有限公司　電話：（02）2265-1491
法 律 顧 問　華洋國際專利商標事務所　蘇文生律師
二 版 一 刷　2018年7月
二 版 二 刷　2020年2月
定　　　　價　450元

國家圖書館出版品預行編目資料

自在生活：涓涓的101道家傳好味 / 胡涓涓著. -- 二版. -- 新北市：幸福文化出版：遠足文化發行, 2018.07
面；　公分. -- (滿足館；12)
ISBN 978-986-96358-7-5(平裝)

1.食譜

427.1　　107009285

廣	告	回	信
臺灣北區郵政管理局登記證			
第 1 4 4 3 7 號			

請直接投郵，郵資由本公司負擔

23141

新北市新店區民權路108-4號8樓

遠足文化事業股份有限公司　收

幸福文化　書名 自在生活　書號 0HAP0012

讀者回函卡

感謝您購買本公司出版的書籍，您的建議就是幸福文化前進的原動力。請撥冗填寫此卡，我們將不定期提供您最新的出版訊息與優惠活動。您的支持與鼓勵，將使我們更加努力製作出更好的作品。

讀者資料

●姓名：＿＿＿＿＿＿ ●性別：□男　□女 ●出生年月日：民國＿＿年＿＿月＿＿日

●E-mail：＿＿＿＿＿＿

●地址：□□□□□＿＿＿＿＿＿

●電話：＿＿＿＿＿＿ 手機：＿＿＿＿＿＿ 傳真：＿＿＿＿＿＿

●職業：□學生　□生產、製造　□金融、商業　□傳播、廣告　□軍人、公務　□教育、文化　□旅遊、運輸　□醫療、保健　□仲介、服務　□自由、家管　□其他

購書資料

1.您如何購買本書？□一般書店（　　縣市　　　書店）
□網路書店（　　　　書店）□量販店　□郵購　□其他

2.您從何處知道本書？□一般書店　□網路書店（　　　　書店）　□量販店　□報紙
□廣播　□電視　□朋友推薦　□其他

3.您通常以何種方式購書（可複選）？□逛書店　□逛量販店　□網路　□郵購
□信用卡傳真　□其他

4.您購買本書的原因？□喜歡作者　□對內容感興趣　□工作需要　□其他

5.您對本書的評價：（請填代號 1.非常滿意 2.滿意 3.尚可 4.待改進）
□定價　□內容　□版面編排　□印刷　□整體評價

6.您的閱讀習慣：□生活風格　□休閒旅遊　□健康醫療　□美容造型　□兩性
□文史哲　□藝術　□百科　□圖鑑　□其他

7.您最喜歡哪一類的飲食書：□食譜　□飲食文學　□美食導覽　□圖鑑　□百科
□其他

8.您對本書或本公司的建議：＿＿＿＿＿＿